Eller

VERTRAUENS ARCHITEKTUR

VertrauensArchitektur

Wie Vertrauen entsteht und wie Unternehmen die richtigen Kund:innenerlebnisse dafür schaffen

von

Eric Eller

mit Illustrationen von Susanne Asheuer

Franz Vahlen Verlag München

ISBN Print: 978 3 8006 6712 3
ISBN E-Book: 978 3 8006 6713 0

Satz: Fotosatz Buck
Zweikirchener Str. 7, 84036 Kumhausen
Druck und Bindung: Beltz Grafische Betriebe GmbH
Am Fliegerhorst 8, 99947 Bad Langensalza
Umschlaggestaltung: Ralph Zimmermann – Bureau Parapluie
Bildnachweis: Susanne Asheuer

Gedruckt auf säurefreiem, alterungsbeständigem Papier
(hergestellt aus chlorfrei gebleichtem Zellstoff)

Für Nils & Emil

Über dieses Buch

Wenn wir ein Wort zu oft benutzen, verliert es seine Wirkung. Es nutzt sich ab und wird Teil des Grundrauschens. Das Wort wird dann seiner Bedeutung nicht mehr gerecht und wir haben für etwas eigentlich Wichtiges keine angemessene Bezeichnung mehr. Das macht es schwer, dieses Wichtige zu besprechen, einzusetzen oder zu verändern. Ich bin auf ein solches Wort gestoßen und wurde es nicht mehr los. Fast immer, wenn es um die Herausforderungen von Unternehmen geht, taucht es wieder auf. Wie ein Streuner, den man einmal zu oft gefüttert hat. Das, wofür das Wort steht, erklärt viele Probleme und ist gleichzeitig deren Lösung. Das wissen wir längst. Aber das Wort ist zu abgegriffen und verbraucht, um es wirklich ernst zu nehmen. Es ist in die Jahre gekommen. Irgendwie bringt es das Wort nicht mehr richtig.

Es geht um Vertrauen. Vertrauen ist der Kleister, der alles zusammenhält. Ohne Vertrauen geht nichts: Keine Motivation, keine Interaktion, keine Beziehung, keine Kooperation, keine Veränderung, keine Innovation. Als Unternehmen sind wir auf das Vertrauen von vielen Personengruppen angewiesen. **Allen voran brauchen wir das Vertrauen unserer Kund:innen.** Ohne das Vertrauen der Kund:innen bleiben wir auf unseren Produkten und Dienstleistungen sitzen. Aber nicht nur das: Briefe und Newsletter bleiben ungeöffnet, Websites unbesucht, Apps und Hotlines unbenutzt. Die Customer Journeys – also die Reisen der Kund:innen – sind zu Ende, bevor sie überhaupt angefangen hätten. Wir brauchen Vertrauen, damit zwischen uns und unseren Kund:innen Kooperation entstehen kann.

Dieses Buch heißt VertrauensArchitektur, weil es helfen soll, Vertrauen differenziert zu verstehen und nach dem Vorbild der Arbeit von Architekt:innen systematisch sowie konstruktiv zu entwickeln. Die Vertrauensforschung hat in den letzten Jahrzehnten intensiv untersucht, unter welchen Voraussetzungen Vertrauen entstehen kann. Als VertrauensArchitekt:innen nutzen wir dieses Wissen, um Situationen, in denen es auf das Vertrauen zwischen Unternehmen und Kund:innen ankommt, so zu verbessern, dass mehr Vertrauen entstehen kann. Das Buch hat fünf Teile. Im ersten Teil (Vertrauen) geht es darum, was das Konstrukt Vertrauen ausmacht und wie wir als VertrauensArchitekt:innen effektive Vertrauenssituationen gestalten können. In den darauffolgenden drei Teilen (Wollen, Können und Einschätzen) besprechen wir insgesamt zehn Vertrauensmechanismen, durch welche Vertrauen entwickelt werden kann. Diese zehn Mechanismen bilden die inhaltliche Basis von VertrauensArchitektur. Im fünften Teil (Aktion) geht es schließlich um die Dynamik von Vertrauen und Misstrauen sowie darum, wie einige ausgewählte Unternehmen heute an der Entwicklung von Vertrauen arbeiten. Das Buch soll dich zum Nachdenken anregen und dir helfen, echtes Vertrauen zwischen Unternehmen und Kund:innen herzustellen. Um dir die Anwendung von VertrauensArchitektur in deinem speziellen Tätigkeitsfeld zu erleichtern, findest du am Ende der meisten Kapitel einige Fragen und Hinweise zur eigenen Reflexion.

Nun geht es also los. Vielen Dank, dass du dieses Buch liest – und viel Freude bei der Anwendung von VertrauensArchitektur.

Überblick

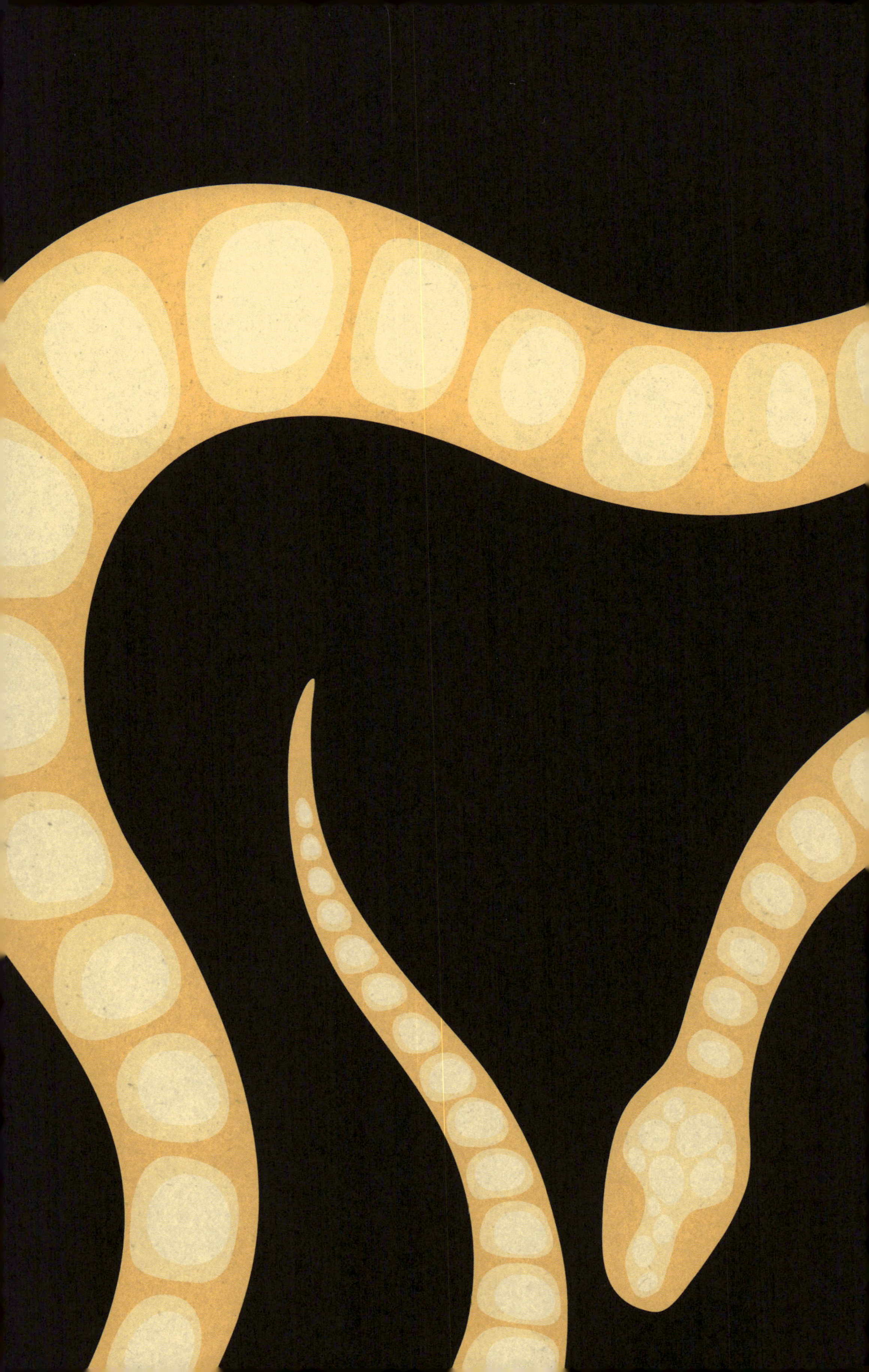

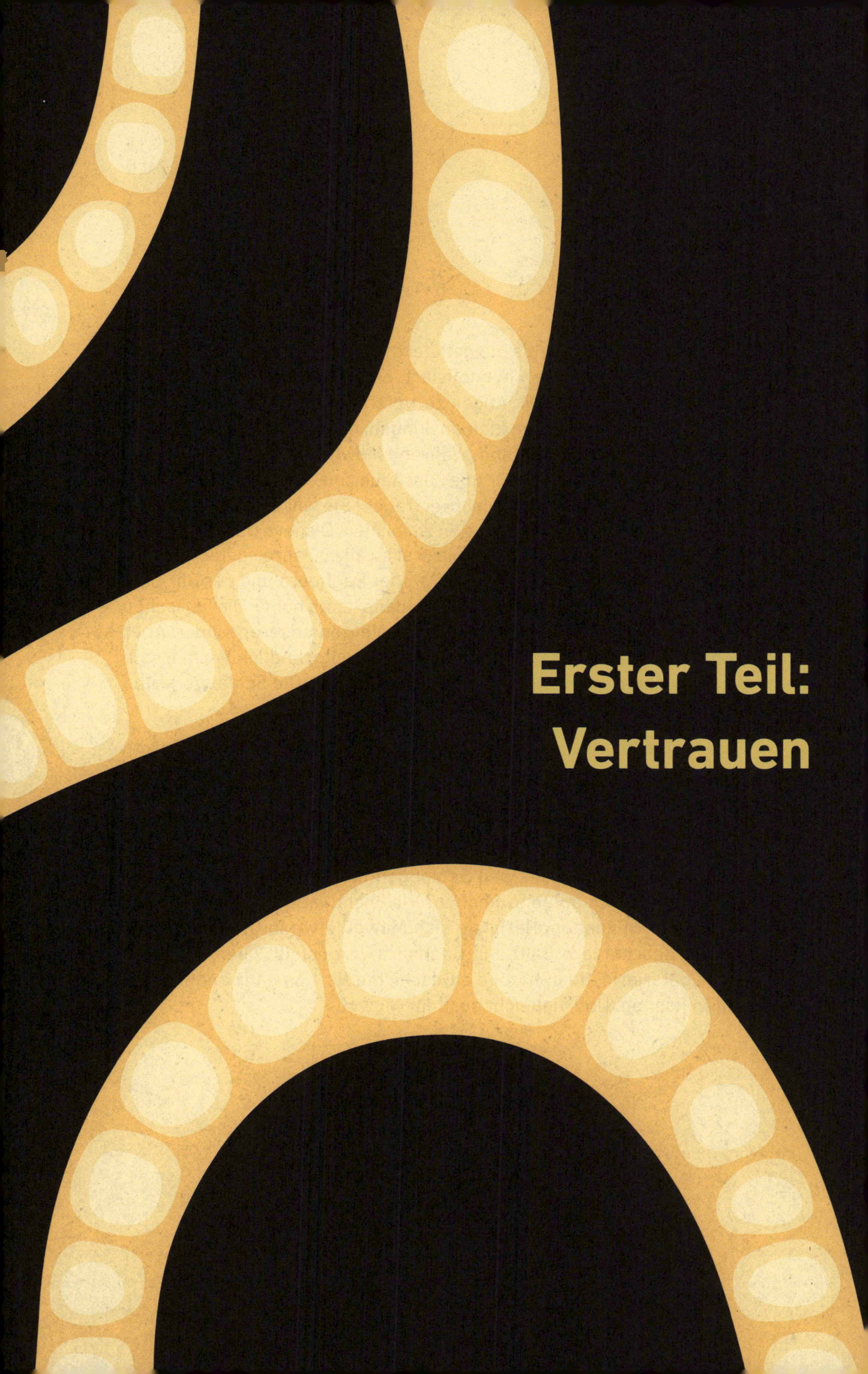

Erster Teil: Vertrauen

Mowgli, Kaa und das Vertrauen

Mowgli war Kaa schutzlos ausgeliefert. Mit ihren großen Augen hatte die Schlange den Jungen hypnotisiert. Eindringlich sang sie ihr Lied: „Hör auf mich, glaube mir. Augen zu, vertraue mir".[1] Mit ihrem langen Körper umschlang sie den kleinen Jungen, der keine Ahnung hatte, in welcher Gefahr er sich befand. Während Mowgli die Schlange naiv anlächelte, war die Situation für uns Zuschauer:innen kaum auszuhalten. „Nein, Mowgli! Du darfst ihr nicht vertrauen! Sie will dich nur fressen!" hätten wir dem Jungen am liebsten zugerufen. Disneys Dschungelbuch war 1967 ein riesiger Erfolg. Ich bin erst zwanzig Jahre später geboren und trotzdem zählten Mowgli, der Panther Bagheera und der Bär Balu zu den Held:innen meiner Kindheit. Und bis heute haben die tierischen Protagonisten einen festen Platz in den Herzen unserer Kinder. Aber nicht Kaa! Kaa hat das mit den Kinderherzen gründlich vermasselt. Was Kaa getan hat, bleibt bis heute unverziehen: Die Schlange wollte sich unser Vertrauen erschleichen!

Aber wollte sie das wirklich? Könnte es nicht sein, dass Kaa Mowgli in Wirklichkeit gar nicht fressen, sondern nur vor den Gefahren des Dschungels beschützen wollte? Hatte Kaa vielleicht gute Absichten und wir konnten diese nur nicht erkennen? Etwa weil die sympathischen Helden Bagheera und Balu von Beginn an schlecht über sie gesprochen haben? Oder weil Schlangen bei uns Menschen generell keinen sonderlich guten Ruf haben? Vielleicht hätte Kaa das ganz anders angehen können. Hätte sie sich Mowgli etwa in Gegenwart von dessen Beschützern Balu und Bagheera vorgestellt, oder wäre Kaa gar Vegetarierin, dann hätte die Geschichte für Kaa ganz anders verlaufen können. Und vielleicht auch für Mowgli.

Als Unternehmen brauchen wir das Vertrauen unserer Kund:innen.

Als Unternehmen geht es uns häufig ganz ähnlich wie Kaa: Wir bitten unsere Kund:innen um Vertrauen – und zwar fast jedes Mal, wenn wir mit ihnen in Kontakt treten. Wir bitten sie etwa, uns zu vertrauen, dass unser Newsletter lesenswert ist, sich ein Besuch unserer Website oder Filiale lohnt, unsere Produkte oder Dienstleistungen ihre Versprechen halten oder dass die Service-Hotline schnelle Hilfe leistet. **Wenn das Vertrauen der Kund:innen nicht ausreicht, bleibt die jeweilige Kund:inneninteraktion aus. Wir schaffen dann nicht, worum es uns als Unternehmen in jeder dieser Situationen geht: Die Interaktion mit unseren Kund:innen in Kooperation zu verwandeln.** Nur wenn uns das gelingt, wenn wir also genug Vertrauen bekommen, damit es zwischen uns und unseren Kund:innen zu einer Kooperation kommen kann, können wir als Unternehmen nachhaltig unsere Ziele erreichen. Und nur dann können wir für unsere Kund:innen echte Mehrwerte schaffen.

Wir haben also gute Gründe, unsere Kund:innen um Vertrauen zu bitten. Und zum Glück können wir es viel besser anstellen als die Schlange Kaa. Die Mechanismen, die zu Vertrauen führen, sind in etlichen Studien untersucht worden.[2] Es sind dieselben, die uns helfen, das Vertrauen von Kund:innen zu gewinnen, welche auch dazu geführt haben, dass wir Kaa (wohl am Ende doch zurecht) misstrauen. In diesem Buch geht es darum, wie diese Vertrauensmechanismen wirken und wie wir sie zur Entwicklung von Kund:innenvertrauen möglichst effektiv einsetzen können. Wir sehen uns dazu gemeinsam unterschiedliche Situationen an, in denen es auf das Vertrauen von Kund:innen ankommt. Um zu verstehen, wie Vertrauen (oder Misstrauen) in diesen Situationen entsteht – und um diese so zu gestalten, dass Kund:innen leichter Vertrauen finden können. Denn Vertrauen entsteht nicht irgendwie zufällig. Indem wir bestimmte Voraussetzungen schaffen, können wir die Entstehung von Vertrauen wahrscheinlicher machen. Dafür müssen wir zunächst verstehen, was genau Vertrauen ist und wie es funktioniert.

Kapitel 1:
Was Vertrauen ist

Vertrauen ist eine zuversichtliche Entscheidung für Verletzlichkeit.

Wenn wir unsere Kund:innen um Vertrauen bitten, ist das viel verlangt. Das wird deutlich, wenn wir uns vergegenwärtigen, was es eigentlich bedeutet, jemandem zu vertrauen. In den letzten Monaten habe ich mit vielen Unternehmen genau darüber gesprochen. Diese Gespräche waren für mich augenöffnend, weil sie immer wieder dasselbe Muster zeigten: Auf der einen Seite ist die enorme Wichtigkeit von Vertrauen fast allen bewusst. Niemand stellt das wirklich infrage. In fast jedem der Gespräche betonten die Führungskräfte und Mitarbeiter:innen, dass Vertrauen für ihre ganz individuelle Rolle und ihre ganz spezifischen Ziele eine besondere Bedeutung hat. Fast alle zeigten sich von dem Phänomen Vertrauen persönlich berührt und konnten Anekdoten aus dem eigenen Unternehmensalltag erzählen, die zeigen, wie wichtig Vertrauen für sie ist. Dass der Erfolg eines jeden Projekts, Teams, Produkts, Services und Unternehmens letztendlich mitunter vom Vertrauen der Kund:innen abhängt, ist allen klar. Und auf der anderen Seite: Während wir alle ein implizites Verständnis davon haben, was Vertrauen ausmacht, fällt es uns meist schwer, die genaue Bedeutung und Funktionsweise von Vertrauen in Worte zu fassen. Vertrauen ist ein abstraktes Konstrukt, das uns allen wichtig ist und das gleichzeitig kaum jemand so richtig beschreiben kann.

Lüften wir also das Geheimnis: **Vertrauen ist eine zuversichtliche Entscheidung für Verletzlichkeit. Wenn wir vertrauen, verlassen wir den Bereich des Sicheren, in dem wir kontrollieren können, was passiert, und machen uns verletzbar.** Wir geben anderen Personen, Gruppen, Organisationen, Produkten oder Technologien Freiheiten. Diese Freiheiten sind so groß, dass sie auch gegen uns verwendet werden können. Indem wir Vertrauen schenken, ermöglichen wir anderen genau das: Uns zu verletzen. Gleichzeitig sind wir dabei aber zuversichtlich, dass die gegebenen Freiheiten verantwortungsvoll in unserem Sinne ausgelebt werden. Also, dass wir am Ende eben nicht verletzt werden.[3] Kaa kann Mowgli nur dann fressen, wenn Mowgli

Kaa vertraut. Mowgli macht sich Kaa gegenüber verletzlich, ist aber zuversichtlich, dass Kaa ihn nicht verletzen wird.

Wenn wir als Kund:innen selbst die Angebote von Unternehmen wahrnehmen, spüren wir diese Verletzlichkeit häufig als diffuses Gefühl der Unsicherheit. Insbesondere dann, wenn wir uns zum ersten Mal auf eine bestimmte Kund:innenreise begeben oder wenn wir dabei besonders viel verlieren können. Etwa, wenn wir zum ersten Mal den neuen Lieferservice ausprobieren oder wenn wir die Reise buchen, auf die wir so lange gespart haben. Oder auch in der folgenden Situation: Stellen wir uns vor, Ich biete dir an, für fünf Euro dein Auto zu waschen. Alles was du tun musst, ist mir deinen Autoschlüssel und das Geld zu geben. Im Gegenzug verspreche ich dir, dein Auto gewaschen wieder zurückzubringen. Was sagst du? Unser Deal kann nur zustande kommen, wenn du dich verletzlich machst: Es könnte sein, dass ich mich nicht an unsere Abmachung halte und du dein Geld verlierst. Oder noch schlimmer: Du dein Auto zerkratzt oder gar nicht zurückbekommst. Wenn du mir vertraust, bist du zuversichtlich, dass all das nicht passieren wird. Du machst dich also verletzbar – bist aber zuversichtlich, nicht verletzt zu werden. Je größer die wahrgenommene Verletzlichkeit, desto größer ist das für die Kooperation notwendige Vertrauen: Wenn du etwa einen Oldtimer fährst (und liebst) oder wenn du keine Versicherung hast, braucht es für unseren Deal besonders viel Vertrauen.

Für Vertrauen muss Verletzlichkeit eine gute Idee sein.

Wenn wir nun als Unternehmen mit unseren Kund:innen in Interaktion treten, bitten wir sie in jedem relevanten Kontaktpunkt auf ganz ähnliche Weise, sich – mal mehr, mal weniger – verletzlich zu machen. Wer unsere Produkte und Dienstleistungen kauft, macht sich finanziell verletzbar, weil unsere Angebote ihren Preis nicht wert sein könnten. Wer sich auf unserer Website mit Namen und Adresse anmeldet, macht sich persönlich verletzbar, weil wir die persönlichen Informationen weitergeben oder unfair nutzen könnten. Wer uns weiterempfiehlt oder eine öffentliche Bewertung für uns abgibt, macht sich sozial verletzbar. Damit es in jedem dieser Interaktionspunkte zu einer Kooperation kommen kann, muss es für unsere Kund:innen eine gute Idee sein, sich uns gegenüber verletzlich zu machen. Unsere Bitte um Vertrauen ist viel verlangt. Und sie geht auf unserer Seite mit Verantwortung einher: Wenn wir Kund:innen vorschlagen, sich uns gegenüber verletzlich zu machen, übernehmen wir die Verantwortung dafür, dass sie nicht verletzt werden.

Nur: Warum sollten sich unsere Kund:innen überhaupt verletzlich machen? Warum sollten sie riskieren, dass wir ihnen zu viel Geld abnehmen, ihre persönlichen Daten weitergeben oder ihrer Empfehlung nicht gerecht werden? Für sich genommen, wird es für unsere Kund:innen nicht sonderlich attraktiv sein, diese Verletzlichkeiten einzugehen. Vielmehr braucht es auf der anderen Seite der Waagschale etwas Positives, das das Gewicht der möglichen Verletzung ausgleicht: Dieses Gegengewicht lautet Zuversicht. Unsere Kund:innen werden sich nur dann uns gegenüber verletzlich machen, wenn sie zuversichtlich sind, dass wir sie nicht verletzen. Und mehr noch: Dass wir ihre Erwartungen in uns erfüllen, unsere Versprechen halten und sie dadurch an unserer Kooperation profitieren. **Um bei Kund:innen mehr Vertrauen zu schaffen, muss es uns als Unternehmen deshalb gelingen, ihnen ausreichend Zuversicht zu geben.** Damit sie unsere Produkte kaufen, müssen sie sicher sein, dass diese ihr Geld wert sind. Damit sie ihre persönlichen Daten mit uns teilen, müssen sie erwarten können, dass wir damit in ihrem Sinne umgehen. Damit sie uns weiterempfehlen, müssen sie Zuversicht haben, dass wir entsprechend ihrer Empfehlung liefern. Wenn Kaa es tatsächlich gut meint und den kleinen Mowgli beschützen möchte, dann muss das für

Mowgli klar erkennbar werden. Solange Kaa uns keine Zuversicht gibt, können wir ihr nicht vertrauen.

Neben Verletzlichkeit und Zuversicht, hat das Konstrukt Vertrauen eine dritte wichtige Komponente: Vertrauen äußert sich in Entscheidungen. Nur dann, wenn sich Kund:innen für Verletzlichkeit entscheiden, zeigt sich ihr Vertrauen in echtem Verhalten. Ihr Kauf unseres Produkts, ihre Anmeldung auf unserer Website und ihre Weiterempfehlungen sind alles Entscheidungen für Verletzlichkeit, ohne die jede Zuversichtlichkeit in uns folgenlos geblieben wäre. Diese Entscheidungen für Verletzlichkeit können wir unseren Kund:innen nicht abnehmen. Ob und worin uns Kund:innen vertrauen, bleibt ihre Entscheidung. Aber wir können dafür sorgen, dass sie diese Entscheidung möglichst gut treffen können. Dafür muss unsere Vertrauenswürdigkeit möglichst leicht und eindeutig erkennbar werden. Nur so bekommen wir überhaupt die Chance, uns als vertrauenswürdige Kooperationspartner:in unter Beweis zu stellen. Zudem braucht es für Vertrauen Entscheidungssituationen, in denen die Entscheidung für oder gegen Verletzlichkeit gut getroffen werden kann. Ohne eindeutige Informationen über Kaa, kann Mowgli diese Entscheidung nur schwer treffen. Und solange Kaa Mowgli zu hypnotisieren versucht, kann Mowgli erst recht keine gute Entscheidung treffen. Das gilt auch für das Vertrauen von Kund:innen: **Damit Vertrauen entstehen kann, braucht es Entscheidungssituationen, in denen die Entscheidung für oder gegen Vertrauen gut getroffen werden kann.**

Übrigens: Das sind die Alternativen.

Vertrauen ermöglicht Kooperation trotz Verletzlichkeit. Und Vertrauen ist dabei keineswegs immer angebracht. Denn: Dass Vertrauen eine zuversichtliche Entscheidung für Verletzlichkeit ist, bedeutet genauso auch, dass Vertrauen zu Verletzung führen kann. Nämlich dann, wenn es an Vertrauenswürdigkeit fehlt. Wenn die Zuversicht also nicht angebracht war. Dass es sich häufig trotzdem lohnt, den Weg des Vertrauens zu ermöglichen, zeigt sich in Angesicht der beiden Vertrauens-Alternativen, die in vielen Fällen mit Nachteilen einhergehen: Entweder wir verzichten auf die Kooperation (Alternative 1: Rückzug) oder wir reduzieren Verletzlichkeit (Alternative 2: Kontrolle).

Alternative 1: Rückzug

Wenn uns Vertrauen fehlt, ziehen wir uns häufig zurück. Das gilt für private Beziehungen genauso wie für solche mit Unternehmen, Produkten oder Technologien. **Wenn wir Freunden nicht mehr vertrauen, gehen wir ihnen aus dem Weg. Wenn wir Unternehmen nicht vertrauen, verlassen wir ihre Website und kehren nicht wieder zurück. Produkte, denen wir misstrauen, legen wir zu Seite. Technologien, denen wir misstrauen, schalten wir aus. Wir reduzieren in all diesen Fällen unsere Verletzlichkeit, indem wir gehen.** Der hohe Preis des Misstrauens ist, dass keine Interaktion oder gar Kooperation mehr stattfindet. Aus Unternehmenssicht ist das der Worst-Case. Kund:innen, deren Vertrauen wir enttäuscht haben, kommen nicht wieder zurück. Und auch für die Kund:innen selbst entstehen Nachteile, wenn sie die Wertangebote der Unternehmen nicht mehr wahrnehmen können oder wollen. Besonders gravierend ist dabei, dass uns der Abbruch der Interaktion die Möglichkeit nimmt, unsere Vertrauenswürdigkeit unter Beweis zu stellen und so Vertrauen zurückzugewinnen. Misstrauen mündet in Rückzug als Sackgasse. In Kapitel 13 (Die Dynamik des Vertrauens) besprechen wir diese destruktive Dynamik des Misstrauens im Detail.

Alternative 2: Kontrolle

Häufig sind wir trotz fehlendem Vertrauen nicht bereit, gänzlich auf Kooperation zu verzichten. Ein häufiger Lösungsversuch ist es dann, Misstrauen zu managen: Durch Transparenz, Kontrolle oder gar Zwang. **Anstatt Vertrauen aufzubauen, versuchen wir dann, Verletzlichkeit abzubauen. Denn wenn nichts passieren kann, brauchen wir auch kein Vertrauen.** Das kann funktionieren – hat aber seinen Preis. Das spüren wir, wenn wir morgens am Flughafen in der Schlange stehen, unsere Jacken, Gürtel und Schuhe ausziehen und uns durchleuchten lassen. Das spüren wir auch an der überwältigenden Anzahl an FYIs und CCs in unseren E-Mail-Postfächern. Oder daran, dass unseren Hebammen aufgrund von enormen Dokumentations-Aufwänden kaum noch Zeit für ihre eigentliche Arbeit bleibt.[4] Einer der negativen Nebeneffekte von Kontrolle ist, dass sie häufig als Eingeständnis verstanden wird, dass man sich eben nicht vertraut: Wer beim Heiratsantrag zur Sicherheit schon den Ehevertrag vorlegt und der Transparenz wegen um Einblick in die WhatsApp-Nachrichten bittet, zeigt damit vor allem Misstrauen und läuft damit Gefahr, die Vertrauensbeziehung zu schwächen. Ähnlich handeln beispielsweise Versicherer, wenn sie im Antragsprozess auf Gutachten durch Dritte bestehen, Händler, die vor dem Kaufabschluss zunächst die Liquidität der Käufer:in prüfen oder Autohäuser, die vor der Probefahrt mühevoll die Papiere der potentiellen Käufer:innen scannen und sich umfangreiche Haftungsvereinbarungen unterschreiben lassen. Zudem sind derartige Kontrollmaßnahmen – also etwa Verträge, Versicherungen, Garantien, Gutachten und Überprüfungen – in der Regel recht ressourcenintensiv. Kontrolle kostet also in vielen Fällen Vertrauen und fast immer Zeit und Geld.

Das bedeutet selbstverständlich trotzdem nicht, dass Vertrauen in jedem Fall die bessere Wahl ist. Kooperation durch Transparenz und Kontrolle macht beispielsweise immer dann Sinn, wenn man sich aus guten Gründen eben nicht oder nicht ausreichend vertraut. Zudem schließen sich Kontrolle und Vertrauen auch nicht grundsätzlich aus. In einigen Fällen kann Vertrauen erst dann entstehen, wenn durch äußere Kontrollmechanismen die Worst-Case-Szenarien abgesichert sind. Wer sich eine Yacht leiht und sich den Totalschaden nicht leisten kann, sollte also durchaus die Versicherung abschließen. Innerhalb der Crew ergeben sich dann trotzdem zahllose Möglichkeiten, sich gegenseitig zu vertrauen.

Kapitel 2: VertrauensArchitektur

VertrauensArchitektur ist die systematische Gestaltung von Vertrauenssituationen.

Wenn Architekt:innen Brücken bauen, tun sie das nicht irgendwie. Sie wissen, worauf zu achten ist, damit die Brücke am Ende nicht einbricht, sondern hält. Wenn eine Brücke einzubrechen droht, sind sie in der Lage, die Schwachstellen zu identifizieren und die Brücke rechtzeitig zu reparieren. Sie kennen die geeigneten Baustoffe sowie Werkzeuge und Methoden, um die Baustoffe wirksam einzusetzen. Genauso können wir vorgehen, wenn es um die Entwicklung von Vertrauen geht. **Wenn wir als VertrauensArchitekt:innen Vertrauen schaffen, bauen wir „Brücken zwischen dem Bekannten und dem Unbekannten"[5] auf denen Interaktion zu Kooperation werden kann.** Wir bauen und sanieren Vertrauensbrücken, indem wir Situationen, in denen es auf Vertrauen ankommt, so gestalten, dass (mehr) Vertrauen entstehen kann. Dafür müssen wir die Funktionsweisen und die Voraussetzungen von Vertrauen verstehen und wir brauchen wirksame Methoden und Prozesse, um Vertrauenssituationen systematisch durchdringen und gestalten zu können.

Drei Bedingungen müssen für die Entwicklung von Vertrauenssituationen erfüllt sein. Vertrauen ist eine Funktion von *Wollen, Können* und *Einschätzen*. Du kannst mir in einer Sache dann vertrauen, wenn ich diese Sache *will*, wenn ich diese Sache auch *kann* und wenn du mich dazu gut *einschätzen* kannst.[6] Damit Vertrauen entstehen kann, müssen alle drei Voraussetzungen erfüllt sein. Wenn eine der drei Voraussetzungen fehlt, dann bricht das vorhandene Vertrauenskonstrukt ein – oder es kann gar nicht erst entstehen. Entsprechend können wir uns Vertrauen als Dreieck mit den drei Achsen *Wollen, Können* und *Einschätzen* vorstellen. Die Fläche des Dreiecks entspricht der Größe des Vertrauens. Je länger jede der drei Achsen des Dreiecks ist, desto größer wird die Fläche. Wenn eine der Achsen fehlt, verschwindet das Vertrauensdreieck fast komplett.

Als VertrauensArchitekt:innen versuchen wir, die Vertrauensdreiecke zwischen Unternehmen und Kund:innen möglichst groß zu ziehen. Wir fragen uns dafür für Situationen, in denen wir als Unternehmen mit unseren Kund:innen in Kontakt treten: Wird klar, dass wir als Unternehmen für unsere Kund:innen das Richtige *wollen?* Wird klar, dass wir das auch *können?* Und können uns unsere Kund:innen dazu gut *einschätzen?* Anhand der drei Achsen des Vertrauensdreiecks können wir nachvollziehen, warum Menschen einander in bestimmten Situationen vertrauen oder misstrauen. Und wir können Beziehungen und Situationen bewusst so gestalten, dass die beteiligten Personen mehr Vertrauen finden können. In den nächsten drei Teilen dieses Buchs besprechen wir die drei Achsen (in jeweils einem Teil des Buchs) und die zehn Mechanismen (in jeweils einem Kapitel) der VertrauensArchitektur im Detail. Hier bekommst du bereits einen Überblick:

Erste Achse: Wollen

Die erste Achse des Vertrauensdreiecks ist die Achse des Wollens. **Kund:innen können uns als Unternehmen dann vertrauen, wenn wir die Absicht haben, das aus ihrer Sicht Richtige zu tun.** Nur dann werden sie unseren Empfehlungen folgen und sich auf unsere Produkte und Dienstleistungen einlassen können. Nur wenn wir ihnen gegenüber gute Absichten haben, können sie sich uns gegenüber verletzlich machen. Inwiefern der für Vertrauen notwendige Eindruck von Wollen entsteht (wie lange also die Wollens-Achse des Vertrauensdreiecks ist), hängt von fünf Vertrauensmechanismen ab: Benevolenz, Integrität, Interessen, Karma und Reziprozität.

Du bist mir wichtig | Benevolenz. Benevolenz besteht dann, wenn uns am Wohlergehen anderer liegt und wir wohlwollend im Sinne anderer handeln.[7] Wenn uns also wichtig ist, dass es unserem Gegenüber gut geht. Wenn Kund:innen der Überzeugung sind, dass ihr Wohlergehen für uns wichtig ist, werden sie uns eher zugestehen, dass wir in ihrem Interesse handeln, anstatt egoistisch eigene Ziele zu verfolgen. Wenn erkennbar wird, dass uns am Wohlbefinden des Gegenübers liegt, werden wird dadurch vertrauenswürdiger. Benevolenz ist der erste von zehn Vertrauensmechanismen, mit denen wir Vertrauen herstellen.

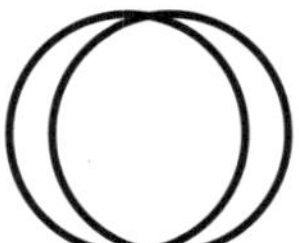

Ich bin, wie es scheint | Integrität. Der zweite Vertrauensmechanismus ist Integrität. Integrität ist dann gegeben, wenn unsere Taten unseren Worten und Einstellungen entsprechen. Wenn wir uns authentisch so verhalten, wie wir wirklich sind und uns an unsere Versprechen halten. Dass ohne Integrität nur schwer Vertrauen entstehen kann, leuchtet ein: Wie sollen Kund:innen uns glauben können, dass wir in ihrem Interesse handeln, wenn wir nicht aufrichtig sind? Integrität ist dabei ein Hygienefaktor für die Entwicklung von Vertrauen: *Wer einmal lügt, dem glaubt man nicht.*[8] Je aufrichtiger und ehrlicher wir also zu Kund:innen sind, desto eher kann Vertrauen entstehen.

Wir wollen dasselbe | Interessen. In Situationen, in denen unsere Interessen und Ziele mit denen unseres Gegenübers in Einklang stehen, fällt es uns besonders leicht, uns gegenseitig zu vertrauen.[9] Wir sitzen dann sprichwörtlich im selben Boot und gewinnen entweder gemeinsam oder verlieren gemeinsam. Dass unser Gegenüber für uns *das Richtige* will, ist dann besonders glaubhaft – schließlich wollen wir *dasselbe*. Dieser dritte Vertrauensmechanismus greift durch die Reduktion von Interessenkonflikten und durch die Gestaltung von Interessensynergien. Wenn wir gemeinsam mit unseren Kund:innen an dasselbe glauben und dasselbe wollen, lässt sich Vertrauen nachhaltig entwickeln.

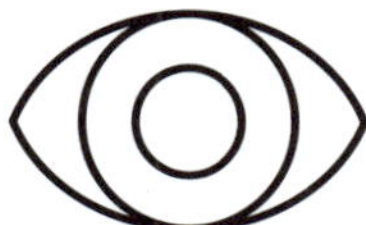

Es gibt Konsequenzen | Karma. Der vierte Vertrauensmechanismus lautet Karma. Wir sind dann besonders vertrauenswürdig, wenn unser Verhalten für uns Konsequenzen hat: Wenn sich vertrauenswürdiges Verhalten für uns lohnt und Vertrauensbrüche bestraft werden können.[10] Das ist typischerweise dann der Fall, wenn wir mit unserem Verhalten nicht anonym bleiben, sondern für andere sichtbar werden. Zudem hat unser Verhalten insbesondere in langfristigen Beziehungen Konsequenzen – wenn wir mit anderen Menschen also nicht nur einmalig, sondern immer wieder in Interaktion treten. Um Vertrauen zu stärken, kann es deshalb eine effektive Strategie sein, Situationen zu schaffen, in denen Vertrauensbrüche Konsequenzen haben.

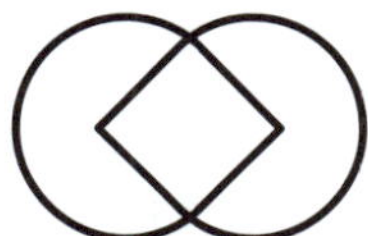

Ich vertraue dir auch | Reziprozität. Reziprozität ist der fünfte Vertrauensmechanismus und beschreibt das Prinzip der Gegenseitigkeit. Es fällt uns häufig dann besonders leicht, jemandem zu vertrauen, wenn diese Person auch uns vertraut. Vertrauen beruht auf Gegenseitigkeit.[11] Die Frage ist häufig nur, wer mit dem Vertrauen beginnt. Um das Vertrauen von Kund:innen zu gewinnen, kann es entsprechend ein guter erster Schritt sein, sich als Unternehmen zunächst selbst ihnen gegenüber verletzlich zu machen. Wenn wir auf diese Weise zeigen, dass wir unseren Kund:innen vertrauen, steigt die Wahrscheinlichkeit, dass dieses Vertrauen auch erwidert wird. Wenn Vertrauen in beide Richtungen besteht, ist es besonders stabil.

Zweite Achse: Können

Die zweite Achse des Vertrauensdreiecks ist die Seite des Könnens. Gute Absichten allein reichen für die Entstehung von Vertrauen in der Regel nicht aus. Damit Kund:innen uns als Unternehmen vertrauen können, müssen sie zusätzlich wissen, dass wir unsere guten Absichten auch effektiv umsetzen können. **Nur wenn wir auch dazu in der Lage sind, wirksam und verlässlich in ihrem Interesse zu handeln, kann Vertrauen entstehen.** Kund:innen werden beispielsweise allein aufgrund unserer guten Absichten nicht unserer Empfehlung vertrauen. Sie werden wissen wollen, ob wir für diese Empfehlung auch über die notwendigen Kenntnisse verfügen. Auch für Vertrauen in unsere Produkte und Dienstleistungen reicht unser guter Wille nicht aus. Vielmehr müssen unsere Produkte und Dienstleistungen wirksam und verlässlich das einhalten, was wir mit ihnen versprechen. Ob der für Vertrauen notwendige Eindruck von Können entsteht, hängt dabei von zwei weiteren Vertrauensmechanismen ab: Fähigkeit und Kontinuität.

Ich kann es | Fähigkeit. Vertrauen braucht Fähigkeit. Um das Vertrauen unserer Kund:innen zu gewinnen, müssen sie uns ganz bestimmte Kompetenzen zuschreiben. Welche Kompetenzen das sind, hängt davon ab, *worin* sie uns Vertrauen können sollen. Dass Vertrauen domänenspezifisch ist, liegt mitunter daran, dass Fähigkeiten das auch sind.[12] Um Vertrauen zu entwickeln, sollten wir uns deshalb jeweils fragen, welche Fähigkeiten für eine erwünschte Vertrauenssituation notwendig sind – und inwiefern diese Fähigkeiten bereits vorhanden und erkennbar sind. Fähigkeit ist der sechste Vertrauensmechanismus und der erste von zwei Mechanismen zur Entwicklung der Vertrauensachse des Könnens.

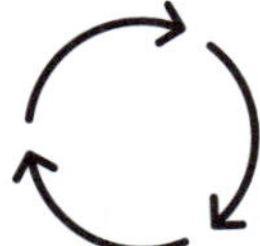

Ich kann es immer wieder | Kontinuität. Kontinuität ist der siebte Mechanismus zur Entwicklung von Vertrauen. Wenn wir eine Leistung über die Zeit hinweg immer und immer wieder erbringen, wird es besonders leicht, uns zu vertrauen, dass wir diese Leistung genauso auch in Zukunft zeigen werden. Kontinuität ist deshalb so vertrauensbildend, weil wir annehmen können, dass Menschen, die sich in der Vergangenheit immer ähnlich verhalten haben, sich auch in der Zukunft weiter so verhalten werden.[13] Vertrauenswürdigkeit entsteht durch Kontinuität im Formulieren und Halten von Versprechen. Je klarer und konsistenter wir als Unternehmen unsere Versprechen formulieren und halten, desto nachhaltiger lässt sich Vertrauen entwickeln.

Dritte Achse: Einschätzen

Die dritte Seite des Vertrauensdreiecks ist die Seite des Einschätzens. Kund:innen können uns als Unternehmen nur dann vertrauen, wenn sie unsere Vertrauenswürdigkeit möglichst gut beurteilen können. Je leichter unsere (guten) Absichten und Kompetenzen zu erkennen und zu bewerten sind, desto eher können Kund:innen uns vertrauen. Damit Vertrauenswürdigkeit zu Vertrauen führen kann, muss sie also zunächst erkennbar werden. **Vertrauen ohne Vertrauenswürdigkeit ist gefährlich. Aber mit Vertrauenswürdigkeit ohne Vertrauen ist auch keinem geholfen.** Wie leicht es ist, unsere Vertrauenswürdigkeit als Unternehmen einzuschätzen, hängt zum einen von den Erfahrungen ab, die Kund:innen bereits mit uns gemacht haben. Zum anderen aber auch von der Situation, in der sich Kund:innen wiederfinden, wenn sie sich ein Bild von uns machen. Wie leicht unsere Vertrauenswürdigkeit einzuschätzen ist, hängt damit von drei weiteren Vertrauensmechanismen ab: Erfahrung, Reputation und Klarheit.

Du kennst mich | Erfahrung. Um unsere Vertrauenswürdigkeit beurteilen zu können, hilft es Kund:innen, wenn sie bereits Erfahrungen mit uns sammeln konnten. Wenn sie uns noch nie begegnet sind, wird es für sie vergleichsweise schwer sein, uns zu bewerten.[14] Um Vertrauen zu entwickeln, kann es deshalb eine effektive Strategie sein, die Hürden für die erste Interaktion mit uns möglichst niedrig zu halten. Je leichter es für Kund:innen ist, erste Erfahrungen mit uns zu sammeln, desto besser. Genauso kann es auch helfen, Neues an bereits bestehende Erfahrungen anzuknüpfen. Erfahrung ist der achte Vertrauensmechanismus, den wir für die Entwicklung von Vertrauen einsetzen können und der erste von drei Mechanismen zur Entwicklung der Vertrauensachse des Einschätzens.

Andere kennen mich | Reputation. In der Beurteilung von Vertrauenswürdigkeit stützen wir uns nicht nur auf unsere eigenen Erfahrungen, sondern auch auf die Bewertungen anderer Personen. Dabei orientieren wir uns im Wesentlichen an zwei unterschiedlichen Personengruppen: Erstens schauen wir auf Autoritäten, welche die Situation vielleicht besser einschätzen können als wir selbst – und zweitens auf Peers, die uns ähnlich sind und womöglich bereits in derselben Situation waren wie wir.[15] Reputation ist das Vertrauen der anderen und unser neunter Vertrauensmechanismus. Um Kund:innen die Beurteilung unserer Vertrauenswürdigkeit zu erleichtern, kann es ein guter Ansatz sein, ihnen in wichtigen Entscheidungssituationen die Bewertungen relevanter Anderer zur Verfügung zu stellen.

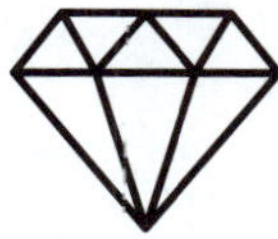

Die Situation ist eindeutig | Klarheit. Der zehnte und letzte Mechanismus, den wir zur Entwicklung von Vertrauen einsetzen können, ist Klarheit. Klarheit bedeutet, für Kund:innen Situationen zu ermöglichen, in denen unsere Vertrauenswürdigkeit möglichst gut eingeschätzt werden kann. Klare Situationen zeichnen sich durch hohe Informationsqualität aus: Je höher die Verständlichkeit, Relevanz und Eindeutigkeit der vorhandenen Informationen ist, desto leichter fällt Kund:innen die Beurteilung unserer Vertrauenswürdigkeit. Wenn die Informationsqualität nicht stimmt, kann die Beurteilung von Vertrauenswürdigkeit nur schwer getroffen werden.[16] Um Vertrauen zu gewinnen, sollten wir als Unternehmen entsprechend darauf hinarbeiten, die Informationsqualität in jedem Berührungspunkt mit unseren Kund:innen so zu optimieren, dass die Einschätzung unserer Vertrauenswürdigkeit einfacher wird.

Du bist mir wichtig | Benevolenz

Ich bin wie es scheint | Integrität

Wir wollen dasselbe | Interessen

Es gibt Konsequenzen | Karma

Ich vertraue dir auch | Reziprozität

Ich kann es | Fähigkeit

Ich kann es immer wieder | Kontinuität

wollen

können

Das Vertrauens-Dreieck

Du kennst mich | Erfahrung

Andere kennen mich | Reputation

Die Situation ist eindeutig | Klarheit

Um Vertrauen zu entwickeln, brauchen wir ein präzises Zielbild.

Um die zehn Vertrauensmechanismen wirksam einzusetzen, braucht es zunächst ein differenziertes Zielbild der Vertrauenssituation, die wir erreichen wollen. Denn: Die Frage ist in der Regel nicht, *ob* wir (mehr) Vertrauen brauchen – sondern *worin*. Damit du beim Lesen möglichst viele gute Ideen für deine eigene Arbeit sammeln kannst, hilft es, wenn du dir bereits jetzt zu Beginn des Buchs verdeutlichst, für welche Situationen und Beziehungen du gern mehr Vertrauen schaffen möchtest. Arbeitest du beispielsweise an einem Produkt oder einer Dienstleistung, dessen Erfolg vom Vertrauen einer ganz bestimmten Kund:innengruppe abhängt? Oder hast du eine langjährige Kund:in oder Geschäftspartner:in, deren Vertrauen du weiter ausbauen oder schützen möchtest? Vielleicht gestaltest du eine Website oder App, die bei neuen Kund:innen möglichst schnell Vertrauen in deine Produkte und Services ermöglichen soll? Oder du suchst nach Strategien, um die Kommunikation entlang von ganzheitlichen Customer Journeys (also aller Berührungspunkte zwischen Unternehmen und Kund:innen) so zu verbessern, dass mehr Vertrauen entsteht? Für die Entwicklung von Vertrauen in all diesen Kontexten gilt: Um hilfreiche Vertrauenssituationen zu schaffen, sollten wir zunächst das jeweilige Zielbild definieren. Hierfür hilft die Beantwortung der folgenden drei Fragen: **Wer vertraut wem? ... worin? ... und wie äußert sich das?**

Wer soll wem vertrauen können?

Als Unternehmen brauchen wir nicht einfach nur mehr Vertrauen – wir brauchen Vertrauen von den richtigen Personen. Abhängig vom Produkt oder der Dienstleistung, bist du für das Erreichen deiner Ziele auf das Vertrauen von unterschiedlichen Kund:innengruppen angewiesen. Und abhängig vom Geschäftsmodell wird sich unterscheiden, *wem* diese Personen ihr Vertrauen schenken sollten: Viele traditionellen Versicherer setzen beispielsweise maßgeblich auf das Vertrauen ihrer Kund:innen in die Agent:innen vor Ort. Wenn nun zusätzlich neue Vertriebskanäle etabliert werden, ändert sich das: Nun braucht es etwa Vertrauen in eine Hotline, Website, App, einen Chatbot – vielleicht auch vermehrt in die Produkte selbst. Andere Geschäftsmodelle erfordern gänzlich andere Vertrauenskonstellationen: Uber braucht von seinen Nutzer:innen vor allem Vertrauen in seine App und in die Fahrer:innen. Zudem braucht es aber auch Vertrauen von den Fahrer:innen – etwa in das Vergütungssystem. Ebay braucht vor allem Vertrauen zwischen den Käufer:innen und Verkäufer:innen. Miele ist derzeit noch vor allem vom Vertrauen der Kund:innen in ihre Produkte abhängig. Für ein effektives Vertrauens-Zielbild solltest du dich also fragen, von wessen Vertrauen deine Ziele abhängen – und wem genau diese Personen vertrauen können sollten.

Worin soll vertraut werden?

Wenn wir wissen, von wessen Vertrauen unser Erfolg abhängt und wem diese Personen vertrauen können sollten, gilt es nun zu klären, *worin* vertraut werden soll. Denn: **Wir vertrauen oder misstrauen anderen nicht einfach grundsätzlich in allen Dingen, sondern wir vertrauen ihnen für ganz bestimmte Aufgaben, Versprechen oder Verhaltensweisen.** Vertrauen ist domänenspezifisch. Beispielsweise kannst du mir hoffentlich vertrauen, dass ich dir mit diesem Buch fundiertes und anschauliches Wissen über Vertrauen vermittle. Das heißt aber noch längst nicht, dass du mir dein Fahrrad leihen oder mit mir in den Urlaub fahren würdest. Genauso vertrauen wir auch Unternehmen, Produkten und Technologien sehr differenziert. Ich vertraue etwa Google Maps, dass es mich verlässlich nach Hause navigiert. Aber nicht, dass es fair mit meinen Daten umgeht. Viele vertrauen Volkswagen nach dem Dieselskandal weiterhin, gute Autos zu bauen – aber bezweifeln die Integrität des Konzerns, wenn es um die Einhaltung von Gesetzen oder die Kommunikation mit Kund:innen geht. Um Vertrauen effektiv zu entwickeln, sollten wir also zuerst klären, worin Kund:innen vertrauen können sollten: Etwa darin, dass wir als Unternehmen die besten Preise haben, wir verantwortlich mit ihren Daten umgehen – oder dass wir schnell liefern?

Wie äußert sich dieses Vertrauen?

Wenn wir nun wissen, von wessen Vertrauen unser Erfolg abhängt, wem diese Personen vertrauen können sollten – und worin – stellt sich die dritte Vertrauensfrage: Woran lässt sich das angestrebte Vertrauen erkennen? Wie verhalten sich unsere Kund:innen also, wenn wir erfolgreich Vertrauen geschaffen haben? Kund:innenvertrauen kann sich beispielsweise darin zeigen, dass neue Produkte gekauft und ausprobiert werden und dabei die Nachfrage nach Absicherung durch Garantien oder soziale Informationen sinkt. Je nachdem, *worin* Kund:innen vertrauen, wird sich das gezeigte Vertrauensverhalten jedoch unterscheiden: Kund:innen, die darauf vertrauen, dass wir die besten Preise haben, werden vielleicht schneller kaufen, weil sie keine Preise vergleichen müssen. Kund:innen, die darauf vertrauen, dass wir verlässlich mit ihren Daten umgehen, werden ihre persönlichen Daten bereitwilliger angeben und Informationsangebote zu ihrer Datensicherheit eher nicht abrufen. Kund:innen, die darauf vertrauen, dass wir schnell liefern, werden beispielsweise vermehrt kurz vor Ferien und Feiertagen bestellen. Die Definition derartiger Verhaltensanker ist notwendig, um präzise sowie überprüfbare Hypothesen für die Entwicklung von Vertrauen definieren zu können. **Nur wenn wir vorab festschreiben, wie sich Vertrauen (bzw. Misstrauen) im Kund:innenverhalten äußert, können wir die Wirksamkeit von Vertrauensinterventionen testen und daraus lernen.** Indem wir konkrete Verhaltensziele definieren und das Zielverhalten nach Möglichkeit auch messbar machen, kann die Entwicklung von Vertrauen systematisch sowie schrittweise optimiert werden.

Das Ziel von VertrauensArchitektur ist Vertrauenswürdigkeit.

Für Unternehmen ist Vertrauen ein grundlegender Erfolgsfaktor. Ohne Vertrauen keine Kooperation und ohne Kooperation keine Unternehmung. Die Entwicklung von Vertrauen sollte für Unternehmen dementsprechend an höchster Stelle stehen. In fast jedem der folgenden Kapitel werden wir sehen: **Echtes Vertrauen kann nur entstehen, wenn wir nachhaltig im Sinne der Kund:innen handeln und dafür**

sorgen, dass sich ihr Vertrauen in uns für sie auszahlt. Andersherum: Wenn Vertrauen ausgenutzt wird, wird es im Keim erstickt. Deshalb sollten wir die Vertrauensmechanismen, die wir in den nächsten Kapiteln kennenlernen, nachhaltig einsetzen. Das Ziel von VertrauensArchitektur lautet damit nicht Conversion-Optimierung, Umsatzsteigerung und auch nicht Customer Lifetime Value. Das Ziel von VertrauensArchitektur ist die Entwicklung von echtem Vertrauen zwischen Unternehmen und ihren Kund:innen. Und dafür braucht es den festen Willen, sich Kund:innen gegenüber vertrauenswürdig zu verhalten. Dabei muss nachhaltige Vertrauensentwicklung nicht im Wiederspruch mit kurzfristiger Umsatz- oder Wachstumssteigerung stehen. Es gilt, Kund:innenernerlebnisse zu gestalten, die beide Seiten in Einklang bringen: Umsatz und Wachstum auf der einen Seite und Kund:innenvertrauen auf der anderen Seite.

Reflexion: Welche Vertrauenssituationen streben wir an?

1 **Wer?** → 2 **… vertraut wem?**

Wer gibt Vertrauen?

Wer sind die Personen, die Vertrauen geben? (z. B. bestimmte Kund:innengruppen, Personae, andere Stakeholder)

Wer bekommt Vertrauen?

Wem vertrauen diese Personen auf der Unternehmensseite? (z. B. einzelnen Personen oder Rollen, Technologien, Produkten, Teams, Organisationen)

Um Vertrauen zu entwickeln, gilt es zunächst, **das Zielbild möglichst präzise zu definieren.** Weil wir einander nicht grundsätzlich vertrauen oder misstrauen, sondern hinsichtlich ganz bestimmter Tätigkeiten und Versprechen, brauchen wir als Unternehmen auch nicht allgemein mehr Vertrauen sondern von ganz bestimmten Personen in ganz bestimmten Bereichen. Das Zielbild unserer VertrauensArchitektur können wir mit den folgenden Fragen definieren: **Wer vertraut wem? ... worin? ... und wie äußert sich das?.**

3 **... worin?**

4 **... wie zeigt sich das?**

Worin wird vertraut?

In welche konkreten Aufgaben, Handlungen oder Versprechen wird vertraut? (z. B. Datensicherheit, Qualität, bestimmtes Serviceversprechen)

Wie zeigt sich das Vertrauen?

Welches Verhalten ist beobachtbar, wenn das Vertrauen vorhanden ist? Wie lässt sich das messen? (z. B. Veränderungen im Einkaufsverhalten oder in der Serviceinteraktion)

Zweiter Teil: Wollen

Vertrauen erfordert, das Richtige zu wollen.

Mein Sohn Nils ist sechs Jahre alt. Er springt mir blind in die Arme und ist sich sicher, dass ich ihn auffangen werde. Andererseits ist mir kürzlich aufgefallen, dass er mir nicht in allen Situationen vertraut. Nils und ich haben gemeinsam Lego gespielt. Nils hat seine Ninja-Burg aufgebaut, während ich mich an einem Raumschiff versucht habe. Was dann passiert ist, hat mich nachdenklich gemacht: Als Nils kurz aus dem Zimmer musste, blickte er mich sehr skeptisch an. Er überlegte sichtlich, ob er sein neues Bauwerk bei mir zurücklassen konnte oder ob er es besser mitnehmen sollte. Er entschied sich dafür, mir nicht zu vertrauen und brachte seine Ninja-Burg vor mir in Sicherheit. Nils vertraut mir also mit seinem Leben, aber nicht mit seiner Ninja-Burg. Wie kommt das?

Vermutlich wird Nils mir zutrauen, dass ich über die notwendige Fingerfertigkeit verfüge, seine Bauwerke nicht aus Versehen zu zerstören. Woran es mir in Nils Augen fehlt, liegt auf der Vertrauensachse des Wollens. **Vertrauen setzt voraus, das Richtige zu wollen, gute Absichten zu haben und die eigenen Freiheiten verantwortungsvoll zu nutzen.** In Bezug auf sein Lego glaubt Nils offenbar nicht, dass ich das – aus seiner Sicht – Richtige will. Und damit hat er recht. Seine Legobauwerke sind mir nicht so heilig wie sie es ihm selbst sind. Ich würde vermutlich nicht so gut wie er auf sie aufpassen – sein Misstrauen ist also nicht unberechtigt.

Aus ganz ähnlichen Gründen kämpfen ganze Industrien mit dem Misstrauen ihrer Kund:innen. So etwa die Versicherungsindustrie, die bei Umfragen in puncto Kund:innenmisstrauen regelmäßig im negativen Sinne die Bestenlisten anführt.[17] Der Grund, weshalb Kund:innen ihren Versicherern misstrauen, liegt dabei nicht darin, dass die Unternehmen zu schlecht kapitalisiert wären und deshalb um ihre Zahlungsfähigkeit gefürchtet wird. Vielmehr besteht Misstrauen darin, dass sie im Beratungsgespräch oder im Schadenfall wohlwollend und aufrichtig im Sinne des Versicherungsnehmers agieren. Dass sie also nicht nur im eigenen Interesse sondern im Interesse ihrer Kund:innen handeln. Wollen ist die erste Achse des Vertrauensdreiecks und damit die erste von drei Voraussetzungen für die Entstehung von Vertrauen. Wenn wir als VertrauensArchitekt:innen auf Situationen blicken, in denen es auf Vertrauen zwischen Kund:innen und Unternehmen ankommt, analysieren wir zunächst die Interessen und Absichten der beteiligten Personen. Ob aus Sicht der Kund:innen gute Absichten bestehen und erkennbar werden, ergibt sich dabei nicht zufällig, sondern beruht auf fünf Vertrauensmechanismen, die wir in den nun folgenden fünf Kapitel besprechen: Benevolenz, Integrität, Interessen, Karma und Reziprozität.

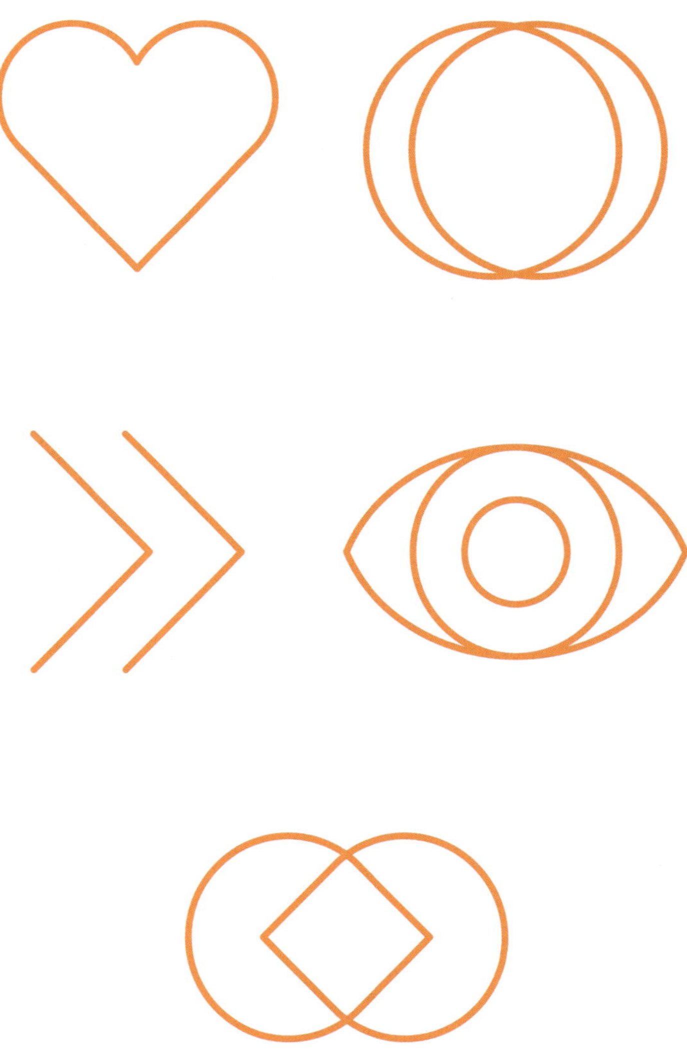

LOVE

Kapitel 3: Du bist mir wichtig | Benevolenz

Du kannst mir dann vertrauen, wenn du weißt, dass du mir wichtig bist.

Die Cycleclinic in der Augustenstraße in München ist ein kleiner Laden, der Fahrräder repariert und verkauft. Mein erster Besuch dort ist schon einige Jahre her. Ich hatte mein altes Fahrrad dabei und wollte die Mäntel auswechseln lassen. Der Mitarbeiter schaute recht skeptisch und meinte dann: „Ne, brauchst du nicht. Die kannst du locker noch zwei Jahre fahren." Ich war verdutzt und schaute mich ratlos um. Da fiel mir ein, dass meine Kette etwas schwer ging. „Dann nehm' ich vielleicht ein Kettenöl mit?" fragte ich den Mitarbeiter etwas verunsichert. „Ja, kann ich dir mitgeben. Aber du kannst auch Salatöl verwenden – das funktioniert genauso." Ich musste lachen und ging ohne neue Mäntel und ohne Kettenöl wieder aus dem Laden. Offensichtlich wollten die mir nichts verkaufen! Ich fand das genial. Die Mitarbeiter hätten mir ohne Probleme siebzig Euro abnehmen können für Mäntel und Öl, die ich scheinbar nicht brauchte. Taten sie aber nicht. Offensichtlich war es ihnen wichtiger, dass ich nicht unnötig Geld ausgebe. Das war nicht mein letztes derartiges Erlebnis in der Cycleclinic, vor der wie selbstverständlich ein Kompressor zur freien Verwendung für alle Radfahrer steht. Einmal brauchte ich Ventilkappen: „Die kosten nix." Bei mir kam an: Das sind echte Kund:innenfreunde. Die wollen, dass es ihren Kund:innen gut geht. Und das schafft Vertrauen. Irgendwann war für mich klar, dass ich mein nächstes Fahrrad natürlich dort kaufen würde. Denn zweifelsohne würden sie mir das für mich beste Rad empfehlen.

Benevolenz ist wie Kund:innenzentrierung – nur krasser.

Benevolenz bedeutet, wohlwollend im Sinne anderer zu handeln[18] – und ist der erste von zehn Vertrauensmechanismen, mit denen wir Vertrauen herstellen können. **Wenn uns am Wohlbefinden des**

Gegenübers liegt, macht uns das vertrauenswürdig. Benevolenz kennen wir als Vertrauensfaktor vor allem aus engen Beziehungen. Innerhalb von Familien und unter Freunden sind wir einander so wichtig, dass wir im gegenseitigen Interesse handeln. Dabei ist Benevolenz keinesfalls auf enge Beziehungen im Privaten beschränkt – zum Glück finden wir sie auch im Berufsleben wieder. Um das Vertrauen ihrer Kund:innen zu gewinnen, sind Unternehmen gut beraten, aufrichtig im Sinne ihrer Kund:innen zu agieren. Das Mantra der Kund:innenzentrierung hat sich in den meisten Unternehmen längst herumgesprochen und in vielen Fällen etabliert. Man hat verstanden, dass die eigenen Umsätze maßgeblich davon abhängen, ob es gelingt, effektiv auf die Probleme und Bedürfnisse der Kund:innen einzugehen. Kund:innen anzusprechen, zu überzeugen und zu begeistern ist richtig und unbedingt notwendig. Aufrichtig im Interesse der Kund:innen zu handeln – und dafür das eigene Interesse kurzfristig auch mal hintenanzustellen – wird aber in vielen Fällen trotzdem noch als unwirtschaftlich betrachtet. Dieser extra Schritt ist für die Entwicklung vertrauensvoller Beziehungen aber notwendig. Und er reicht noch nicht einmal ganz aus: Damit die eigene Benevolenz den Kund:innen gegenüber zu Vertrauen führen kann, muss sie auch deutlich und unmissverständlich zum Ausdruck gebracht werden.

Ein beeindruckendes Beispiel für die vertrauensfördernde Wirkung möglichst unmissverständlicher Signale für Benevolenz lebt Eric Wrede mit seinem Bestattungsinstitut *Lebensnah* vor. Wrede ist Quereinsteiger im Bestattungsgeschäft. Er begleitet in Berlin und Leipzig Angehörige im Trauerprozess und erfüllt individuelle Kund:innenwünsche rund um das Thema Bestattung. Um seine Kund:innen möglichst unmissverständlich darin zu bestärken, dass für Wrede der Trauerprozess seiner Kund:innen im Vordergrund steht (und nicht etwa sein eigener Profit), verzichtet er in seinem Institut gänzlich auf den Verkauf von Waren wie etwa Särgen. Das ist in der Szene untypisch. Wrede hat aber verstanden, dass genau dadurch das Vertrauen zu seinen Kund:innen gestärkt wird: „Mir geht es so, wenn ich irgendwo hingehe und mir möchte jemand was verkaufen – oder ich habe auch nur das Gefühl, dass mir jemand was verkaufen möchte – dann ist erst mal Misstrauen im Raum. Und das ist das letzte Gefühl, das ich zwischen dir und mir haben möchte, wenn ich dich durch den Trauerprozess begleite. Dafür war wichtig, ein Umfeld zu schaffen, in dem natürlich klar ist, dass du mich bezahlen musst – keine Frage – aber du nicht das Gefühl hast, ich verdiene am meisten Geld, wenn du den teuersten Sarg nimmst."[19]

Das Beispiel zeigt, dass die Wahrnehmung von Benevolenz durch unklare Interessen getrübt sein kann. Unternehmen haben in vielen Fällen Möglichkeiten, etwaige Interessenkonflikte nach dem Vorbild von Wrede durch die Schärfung ihres Geschäftsmodells aus der Welt zu schaffen. Wenn beispielsweise die Provision oder Marge für Verkäufer:innen bei jedem Produkt gleich hoch ist, können diese ihre Kund:innen glaubhafter beraten. In vielen anderen Fällen wird es aber nicht ohne weiteres möglich sein, das System über Nacht zu verändern. Eine Ärzt:in hat wenig Einfluss darauf, nach welchem Vergütungssystem sie bezahlt wird. Das Tolle dabei ist: Auch Situationen mit offensichtlichen Interessenkonflikten eignen sich zur Demonstration von Benevolenz – wenn man es nur deutlich genug macht. Wenn meine Ärztin sich für mich Zeit nimmt, mir in die Augen anstatt auf ihren Bildschirm sieht und gute Fragen stellt, um mein Problem zu verstehen, dann schafft das Vertrauen. Und nicht, *obwohl* sie dafür nicht bezahlt wird, sondern genau, *weil* sie dafür nicht bezahlt wird. Damit macht sie klar, dass sie an mir als Person interessiert ist – ganz ohne Eigennutzen.

Vertrauen braucht Platz für gute Absichten.

Unternehmen schaffen es noch zu selten, auf diese Weise glaubhaft zu vermitteln, dass sie ein ehrliches Angebot für die Probleme und Bedürfnisse der Kund:innen haben. Das beginnt damit, dass in den Organisationen intern teilweise noch nicht klar kommuniziert ist, dass das Interesse der Kund:innen an höchster Stelle stehen darf. **Wirtschaft wird zu häufig noch als Marktplatz für Egoisten betrachtet. Und das ist ein Problem: Wenn ich davon ausgehe, dass jeder nur im eigenen Interesse handelt, hat es das Vertrauen schwer.** Wenn wir Vertrauen wollen, brauchen wir Platz für gute Absichten – und für diese guten Absichten eindeutige Signale. Das müssen alle Mitarbeiter:innen im Unternehmen verstanden haben. Solange Zweifel daran besteht, dass sie aufrichtig und ehrlich im Sinne ihrer Kund:innen handeln dürfen, werden wir es als Unternehmen nicht schaffen, Benevolenz eindeutig zu transportieren. Dann bleibt Potenzial für Vertrauen – und damit auch für effiziente Zusammenarbeit, Loyalität, Effizienz und Innovation – auf der Strecke.

Eine zentrale Voraussetzung für die Wirkung von Benevolenz als Vertrauensmechanismus ist dabei Empathie. Damit Wrede seine Arbeit am Interesse seiner Kund:innen ausrichten kann, muss er verstehen, was ihnen Angst macht und welche Bedürfnisse sie haben. Etwa, dass Angehörige häufig unsicher sind, was sich die verstorbene Person selbst für ihren Abschied gewünscht hätte. Oder dass Angehörige schnell ein schlechtes Gewissen plagt, wenn sie sich nicht für die kostspieligsten Alternativen entscheiden. Als Vertrauensgeber:in bin ich eher bereit, mich verletzbar zu machen, wenn ich weiß, dass mein Gegenüber meine Verletzlichkeit spürt und nachvollziehen kann. Dann kann ich mich leichter darauf einlassen, dass das Gegenüber verantwortlich mit dieser Verletzlichkeit umgeht. Um einander vertrauen zu können, hilft es also, wenn wir einander verstehen. Ohne Empathie wird es schwer, mir zu vertrauen – auch wenn mir dein Wohlbefinden in der Theorie am Herzen liegt.

Als Unternehmen können wir Empathie zeigen, indem wir unseren Kund:innen Bedürfnisse zugestehen. Indem wir sagen „Uns ist klar, dass Sie das nicht von heute auf morgen entscheiden können" oder „Sicherlich möchten Sie noch Preise vergleichen – das verstehen wir". Bedürfnisse anzusprechen und zu validieren, schafft Vertrauen. Auf ähnliche Weise äußert sich Empathie auch in Entschuldigungen. Wer ein Telefonat beginnt mit „Entschuldigen Sie bitte, dass ich Sie störe" oder die Kollegin anspricht mit „Es tut mir leid, dass ich dich unterbreche", zeigt, dass sie sich in ihr Gegenüber hineinversetzen kann und zur Perspektivenübernahme fähig ist.

Wie wirksam solche Entschuldigungen sein können, zeigt die folgende Situation, die an einem verregneten Tag im November 2010 an einem US-Bahnhof stattgefunden hat: Ein junger Mann sprach dort insgesamt 65 Fremde an – jeweils mit der Bitte, ihm ihr Handy auszuleihen. Die Auftraggeberin des jungen Mannes war die Harvard Business School Professorin Alison Wood Brooks, die herausfinden wollte, mit welcher Wortwahl der Mann am meisten Vertrauen entgegengebracht bekommen würde. Jedes Mal, wenn er eine Person ansprach, sollte er dies abwechselnd mit den Worten „Könnte ich Ihr Handy ausleihen?" und „Es tut mir leid, dass es regnet. Könnte ich Ihr Handy ausleihen?" tun. Bei jeder zweiten Person entschuldigte sich der junge Mann also – und zwar für etwas, für das er ganz offensichtlich nichts konnte. Die Wirkung der Entschuldigungen war dramatisch: Während ihm ohne Entschuldigung weniger als 10 Prozent der Fremden ihr Handy ausliehen, waren mit Entschuldigung fast die Hälfte der Personen

bereit, ihm ihr Handy auszuleihen.[20] Heißt das nun, dass wir uns als Unternehmen willkürlich Gründe für Entschuldigungen bei unseren Kund:innen suchen sollten? Auf keinen Fall. Denn Entschuldigungen können insbesondere dann Vertrauen stärken, wenn sie als empathisch verstanden weden.[21] Wenn wir durch sie also signalisieren, dass wir die Bedürfnisse, Sorgen und Ängste unserer Kund:innen verstehen und uns diese wichtig sind.

Krisen können eine Chance sein, Empathie zu zeigen.

Auch Krisen und Konflikte eignen sich besonders dafür, Empathie zu zeigen. **Wenn sich Kund:innen etwa beschweren oder kündigen, machen sie in der Regel sehr deutlich, was ihnen wichtig ist. Gerade in Krisen und Konflikten offenbaren sich Kund:innen uns gegenüber also mit ihren Bedürfnissen.** Entsprechend können diese Momente für uns als Unternehmen eine Chance sein, um aktiv zu zeigen, dass wir diese Bedürfnisse verstehen, anerkennen und dass sie uns wichtig sind.[22] Wenn Kund:innen sich bei uns beschweren, ist das also grundsätzlich eine Chance zur Entwicklung von Vertrauen. Indem wir uns dann beispielsweise bei ihnen entschuldigen, signalisieren wir zum einen Verständnis für ihre Situation, zum anderen aber auch, dass wir bereit sind, Verantwortung für ihre Bedürfnisse zu übernehmen – etwa durch eine finanzielle Kompensation.[23] Ähnlich verhält es sich mit Kündigungen: Wenn Kund:innen kündigen, haben sie dafür Gründe. Wenn wir als Unternehmen dafür Verständnis schaffen und dieses zum Ausdruck bringen, können wir damit Vertrauen zurückgewinnen. In Gegensatz dazu ist Zwang (etwa durch lange Vertragslaufzeiten) im negativen Sinne eine hervorragende Möglichkeit, Vertrauen zu zerstören. Zwang macht der unterdrückten Person unweigerlich klar: *Deine Bedürfnisse, Interessen, Wünsche sind mir egal – ich habe weder Empathie noch Benevolenz für dich.*[24]

Um Vertrauen herzustellen, brauchen wir also eindeutige Signale für Empathie und Benevolenz. Damit uns unsere Kund:innen vertrauen können, müssen wir zunächst verstehen, was für sie wichtig ist. Wenn wir es schaffen, sie davon zu überzeugen, dass wir sie verstehen und uns ihr Wohl am Herzen liegt, können sie uns leichter vertrauen.

Reflexion:
Wie schaffen wir Vertrauen durch Benevolenz?

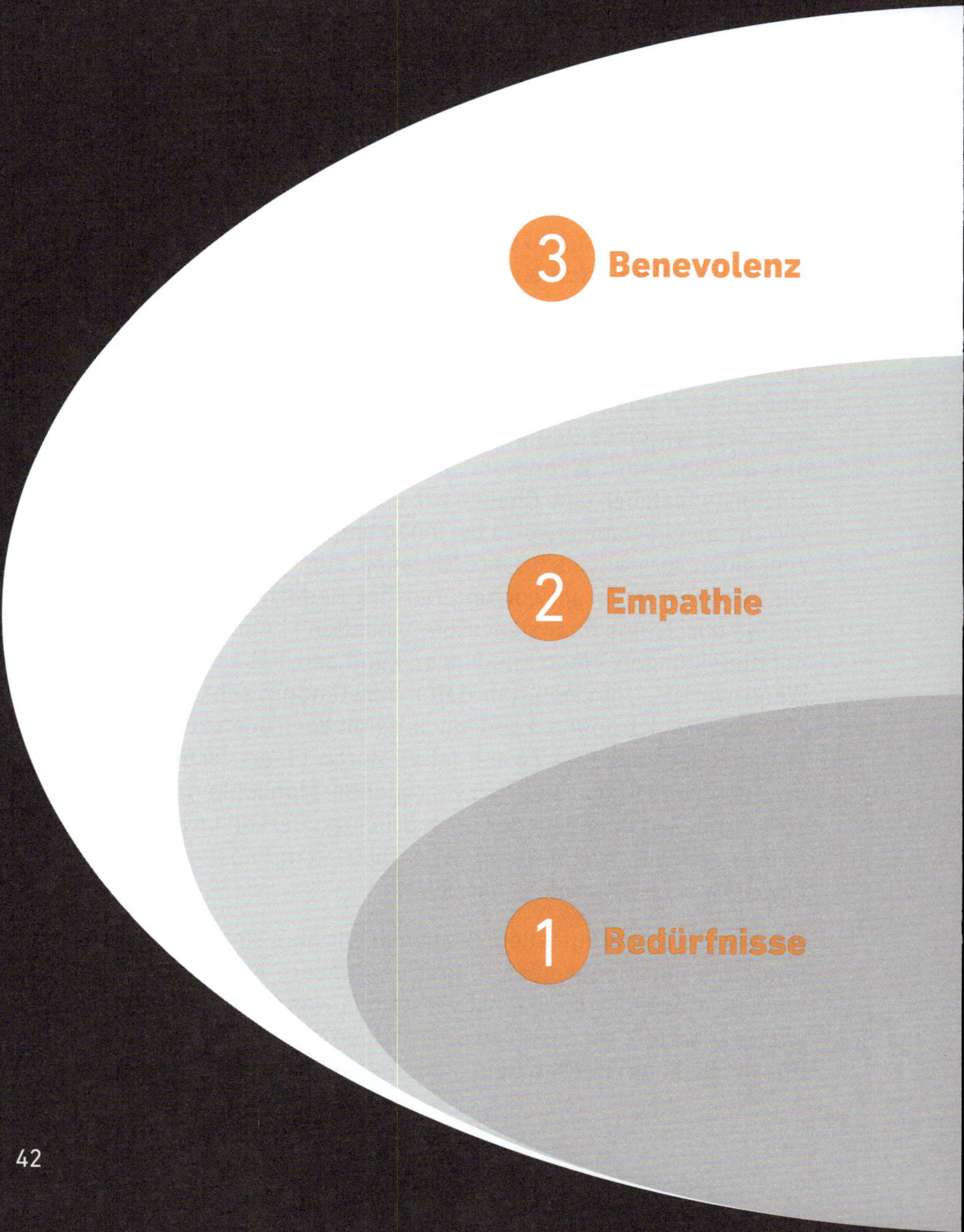

3 Benevolenz

2 Empathie

1 Bedürfnisse

Um das Vertrauen unserer Kund:innen zu stärken, sollten wir uns als Unternehmen fragen, inwiefern sie in wichtigen Vertrauenssituationen **bereits erkennen können, dass sie uns wichtig sind.** Dazu sollten wir zunächst klären, welche Bedürfnisse unsere Kund:innen haben. Auf dieser Basis können wir Ideen dafür sammeln, wie wir Empathie und Benevolenz sowie ihre Erkennbarkeit verbessern können.

Wie zeigen wir Benevolenz?

Woran erkennen unsere Kund:innen, dass sie uns als Menschen wichtig sind und wir Gutes für sie wollen? (z. B. durch Handlungen, in denen das Unternehmensinteresse klar erkennbar nicht im Vordergrund steht)

Wie zeigen wir Empathie?

Wie zeigen wir Kund:innen, dass wir ihre Bedürfnisse kennen und verstehen? (z. B. Situationen aus ihrer Sicht beschreiben, Gefühle benennen, fragen, wie es ihnen mit der Situation geht)

Was brauchen unsere Kund:innen?

Welche Bedürfnisse haben unsere Kund:innen in wichtigen Interaktionspunkten? (z. B. Selbstwirksamkeit, soziale Verbundenheit, Bedeutsamkeit, Stimulation, Sicherheit, Anerkennung, Autonomie)

Kapitel 4:
Ich bin, wie es scheint | Integrität

Du kannst mir dann vertrauen, wenn ich so bin, wie es scheint.

Stellen wir uns vor, du planst eine Reise nach Cuxhaven. Die Anreise hast du bereits organisiert. Jetzt brauchst du nur noch die passende Unterkunft. Eine Unbekannte bietet dir ihre Hilfe an: Sie kennt fast alle Hotels und Ferienwohnungen in der Stadt, kann dir die für dich passenden Optionen zeigen und dir helfen, das beste Angebot auszuwählen. Du freust dich über die Unterstützung und nimmst ihre Hilfe an. Zunächst zeigt dir die Unbekannte ihren absoluten Geheimtipp: Das charismatische Hotel Muschelgrund direkt am Sahlenburger' Strand. Du bist begeistert! Leider muss sie dich aber enttäuschen: Ausgebucht. Leider. Du bist eben spät dran. Tatsächlich buchen jetzt im Moment gerade richtig viele Leute ihren Urlaub in Cuxhaven, sagt sie. Du solltest dich also besser beeilen. Sie stellt dir die beste Alternative für dich vor: Das Badhotel Sternhagen. Und du hast Glück: Es gibt noch genau ein Zimmer zu einem guten Preis! Allerdings warnt sie dich auch gleich, dass gerade jetzt im Moment vier weitere Personen dieses Zimmer buchen wollen. Nur wenn du dich sofort entscheidest, kann sie dir das Zimmer noch sichern. Kannst du ihrem Rat trauen? Sie hat dir ihre Hilfe angeboten und nun setzt sie dich unter Druck, ihrer Empfehlung möglichst schnell nachzugehen. Vermutlich fragst du dich, ob sie wirklich mit offenen Karten spielt – oder ob sie in Wirklichkeit nicht doch ein ganz anderes Ziel verfolgt, als dir zu helfen.

Sicherlich hast du die beschriebene Szene wiedererkannt: Ganz ähnlich wie die Unbekannte gehen einige Reiseportale im Internet vor. Damit ihre Kund:innen möglichst schnell buchen, erzeugen die Anbieter bei ihnen ein Gefühl der Dringlichkeit, indem beispielsweise bereits ausgebuchte Hotels angezeigt werden. Oder durch verschiedene Warnungen, wie etwa, dass die ausgewählten Termine besonders beliebt seien, aktuell viele andere Kund:innen dasselbe Angebot ansähen und das Angebot jederzeit ausgebucht sein könne. Dieses sogenannte *Pressure Selling* steht zurecht in der Kritik[25] und es zerstört Vertrauen: Erstens aufgrund fehlender Benevolenz. Das Interesse des Anbieters, nämlich Umsätze zu maximieren, steht hier ganz offenkundig über

dem Interesse der Kund:in, die beste Unterkunft zum besten Preis zu finden. Und zweitens: Die Anbieter sind nicht aufrichtig: Meldungen wie *„Nur noch ein Zimmer verfügbar!“* sind häufig irreführend, weil sie sich nur auf das Kontingent der Plattform – nicht der Unterkunft an sich – beziehen. In vielen Fällen hat das jeweilige Hotel selbst also durchaus noch mehr Zimmer frei – was für die Nutzer aber nicht erkennbar ist.

Wer einmal lügt, dem glaubt man nicht …

Der zweite Vertrauensmechanismus, den wir für die Entwicklung der Vertrauens-Achse Wollen brauchen, ist Integrität. **Integrität besteht dann, wenn unsere Taten unseren Worten und Einstellungen entsprechen – wenn also das, was wir tun, zu dem passt, was wir vorher gesagt haben.** Dass ohne Integrität nur schwer Vertrauen entstehen kann, leuchtet ein: Wie sollst du mir glauben, dass ich in deinem Interesse handle, wenn ich nicht aufrichtig zu dir bin? Es ist wesentlich leichter, mir zu vertrauen, wenn ich so handle, wie ich mich gebe. Wenn die genannten Reiseanbieter Druck auf ihre Kund:innen ausüben, verletzen sie ihre Integrität, weil sie vorgeben, dir bei der Hotelsuche helfen zu wollen – dich aber tatsächlich lediglich zum Abschluss der Buchung auf ihrer Seite bringen wollen.

Der Verlust von Vertrauen durch mangelnde Integrität ist dabei selbstverständlich nicht auf die Reisebranche begrenzt. Auf ähnliche Weise handeln Zeitungen, wenn sie Umfragen schalten und den Teilnehmer:innen dabei scheinbar zum Dank ein Probeabonnement anbieten. Durch die Umfrage geben sie vor, sich für unsere Meinung zu interessieren. In Wahrheit geht es aber nur darum, Abonnements zu vertreiben. Einige der etablierten deutschen Versicherer schalten immer noch Websites, die Verbraucher vordergründig unabhängig beraten – in Wirklichkeit aber nur Leads für die Versicherung generieren. Ein besonders drastisches Beispiel für die Verletzung von Integrität mussten die Nutzer:innen des sozialen Netzwerks LinkedIn einige Zeit während des Anmeldeprozesses erleben: LinkedIn bat sie um Zugriff auf ihre E-Mail-Konten – mit der Begründung, dass so schneller ein stärkeres Netzwerk für die jeweiligen Nutzer entstehe. Tatsächlich nutzte LinkedIn den Zugang zu den E-Mail-Konten, um im Namen der Nutzer:innen wirksame Einladungsmails an deren persönliche Kontakte zu senden. LinkedIn gab also vor, ihren Kund:innen beim Aufbau ihres persönlichen Netzwerks helfen zu wollen, nutzte die Kotakte ihrer Kund:innen in Wahrheit aber für eigene Zwecke. Diese Praxis führte dazu, dass LinkedIn im Jahr 2015 einige Millionen Dollar Schadenersatz zahlen musste.[26]

… auch wenn er dann die Wahrheit spricht.

Integrität ist für die Entstehung von Vertrauen ein Hygienefaktor. Denn um Beziehungen und Situationen so zu gestalten, dass Vertrauen entstehen kann, ist ein aufrichtiger Umgang so etwas wie eine Grundvoraussetzung. Gleichzeitig ist Integrität in gewisser Weise ein Spezialfall unter den Vertrauensmechanismen. Der Eindruck von Integrität folgt in seiner Entstehung anderen Regeln als der Eindruck von anderen Eigenschaften, die wir unseren Mitmenschen zuschreiben. Wenn du dein Auto in eine Werkstatt bringst, dann ist das ein Vertrauensakt. Zunächst vertraust du darauf, dass die Werkstatt fähig ist, das Auto zu reparieren. Kompetenz ist ein wichtiger Vertrauensmechanismus, den wir im dritten Teil dieses Buchs genau betrachten werden. Du vertraust aber nicht nur auf die Kompetenz, sondern genauso auch auf die Integrität der Werkstatt: Dass sie nur das repariert, was tatsächlich kaputt ist und nur das in Rechnung stellt, was tatsächlich repariert wurde. Die Zuschreibung von Integrität ist dabei besonders fragil. Eine Lüge reicht uns in der Regel aus, um jemandem Integrität – und damit auch Vertrauenswürdigkeit – abzusprechen. In eine Werkstatt, die uns einmal eine unnötige Reparatur in Rechnung gestellt hat, würden wir ungern zurückkehren. Selbst dann, wenn die nächste Rechnung wieder stimmt, hält sich der Eindruck fehlender Aufrichtigkeit hartnäckig. Denn: Auch Lügner:innen lügen eben nicht immer. **Wenn Integrität enttäuscht wurde, helfen deshalb auch viele Positiverlebnisse nicht unbedingt, um die Integritätszuschreibung wieder herzustellen.** Wessen Integrität angezweifelt wird, hat es schwer, andere vom Gegenteil zu überzeugen – das liegt in der Natur der Sache.

Für Anzeichen mangelnder Integrität sind wir besonders sensibel.

Bei der Beurteilung von Integrität lautet unsere implizite Annahme also, dass sich integre Menschen immer aufrichtig verhalten, wohingegen sich Menschen mit niedriger Integrität sowohl integer als auch nicht integer verhalten können. Entsprechend sind für die Beurteilung von Integrität insbesondere negative Signale relevant, also solche, die uns fehlende Integrität anzeigen. Wenn die Werkstatt einmal versucht, uns zu betrügen, ist das für uns ein eindeutiges Zeichen für fehlende Integrität. Bei Kompetenz verhält sich das ein Stück weit entgegengesetzt: Wir gehen implizit davon aus, dass sich Menschen mit hoher Kompetenz in der Regel auch kompetent verhalten – aber sich auch mal inkompetent verhalten können – zum Beispiel abhängig von der jeweiligen Aufgabe und Motivation. Menschen, die nicht kompetent sind, können sich dagegen nie kompetent verhalten. Entsprechend sind für die Beurteilung von Kompetenz insbesondere positive Signale brauchbar: Ein positives Erlebnis mit der Werkstatt kann ausreichen, damit wir ihr ihre Kompetenz glauben. Auch wenn dann mal eine Reparatur nicht klappt, schreiben wir ihr die Kompetenz nicht gleich wieder ab. Wenn ihr ein Fehler bei der Reparatur unterläuft – und sie im Anschluss in der Lage ist, diesen zu beheben, reicht uns das in der Regel, um die Werkstatt weiterhin als kompetent zu beurteilen. Auch dem, der sehr gut Autos reparieren kann, passieren eben mal Fehler.[27]

Für VertrauensArchitektur heißt das, dass hinsichtlich Integrität besondere Vorsicht geboten ist. **Wir sind besonders sensibel für Anzeichen mangelnder Aufrichtigkeit. Und wenn der Eindruck fehlender Integrität entstanden ist, lässt sich dieser nur sehr schwer revidieren.** Das zeigt auch die Krisenforschung, die sich unter anderem mit der Frage beschäftigt, wie Vertrauen nach Vertrauensbrüchen wieder aufgebaut werden kann: Wer Vertrauen enttäuscht hat, gewinnt dieses in der Regel am effektivsten zurück, indem das eigene Fehlverhalten möglichst mit mangelnder Fähigkeit statt mit mangelnder Integrität erklärt wird. Also etwa fehlende Fähigkeiten einräumt und sich dafür entschuldigt -, aber mangelnde Integrität abstreitet.[28] Vor dem Hintergrund der besonderen Dynamik von Integrität leuchtet die Strategie ein: Fehlende Fähigkeiten können leichter als Ausnahme verziehen und in der Folge glaubhafter wieder aufgebaut werden. Der Eindruck fehlender Integrität kann im Gegensatz dazu deutlich schwerer wieder revidiert werden.

Was können wir also tun, um den Eindruck von Integrität zu stärken und zu schützen? Es liegt in der Natur der Sache, dass sich Integrität nicht oberflächlich *faken* lässt. Integrität zeigt sich vielmehr in unseren Taten als in unseren Worten. Das heißt aber nicht, dass wir nicht aktiv die Voraussetzungen für Integrität schaffen können:

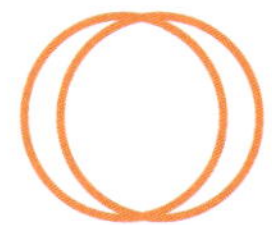

Wissen, sein und erklären, wer man *wirklich* ist.

Wenn uns klar ist, wer wir sind, wofür wir stehen und was uns ausmacht, wird es uns leichter fallen, danach zu handeln. Nur, wer die eigenen Werte, Haltung und Sichtweisen klar sortiert und priorisiert hat, wird kontinuierlich danach handeln können. Integrität setzt damit ein gewisses Maß an Selbstreflexion voraus.[29] Das gilt für einzelne Personen genauso wie für Teams und für ganze Organisationen. **Unternehmen sind auf Integrität im Verhalten aller Mitarbeiter angewiesen.** Um Konsistenz zwischen Unternehmenswerten und dem Verhalten der Mitarbeiter:innen zu erreichen, ist es eine unbedingt notwendige Voraussetzung, dass die Mitarbeiter die bestehenden Unternehmenswerte kennen, verstehen und befürworten. Von der anderen Seite betrachtet: Wenn für Mitarbeiter:innen nicht klar ist, wofür das Unternehmen steht und was das Wertversprechen des Unternehmens an seine Kund:innen ist, wird es nicht möglich sein, dass sich die Mitarbeiter:innen konsistent entsprechend der Werte verhalten. Dann wird es auch unwahrscheinlich, dass das Unternehmen als integer wahrgenommen wird.

Integrität erfordert damit die Klärung der eigenen Identität. Um integer zu sein, muss ich wissen, wer ich bin. Identität allein reicht aber noch nicht aus: Zudem braucht es den Mut, sich nicht zu verstellen. Zu Beginn meines Psychologiestudiums durfte ich einige Wochen eine Summer School in Broadstairs, einem kleinen Fischerort im Süden Englands, besuchen. Wir waren etwa dreißig Studierende aus unterschiedlichen Ländern und wir alle waren vor Ort in englischen Familien untergebracht. Der Schule lag sehr daran, dass wir gut mit den Familien auskamen. Also sprachen sie regelmäßig mit uns und den Familien und gaben beiden Seiten Tipps zum Zusammenleben. Was die Schule tat, war VertrauensArchitektur! An uns Studierende aus Deutschland hatte die Schule eine ganz bestimmte Bitte. Sie äußerten sie immer wieder – und das wohl mit gutem Grund: *„Don't be too polite!"* Ich kann mich gut erinnern, wie sehr mich das zunächst irritiert hatte. Als Gast der Familie wollte ich mich unbedingt so höflich verhalten, wie nur möglich. Die Schule verlangte aber, genau das nicht zu tun. Um Konflikte mit den Familien vorzubeugen, baten sie uns, uns möglichst nicht zu verstellen, keine Rolle zu spielen, sondern einfach gerade heraus so zu sein, wie wir eben sind.

Und die Schule hatte Recht. Wie sollte mir meine Gastfamilie vertrauen können, wenn sie nicht wusste, wer ich wirklich bin – was ich wirklich denke und wie es mir damit geht? Was die Schule verstanden hat, verstehen auch immer mehr Unternehmen. Mitarbeiter:innen werden ermutigt, einfach sie selbst zu sein und keine professionelle Rollen zu spielen. Das steigert das Vertrauen innerhalb der Organisation, kann aber genauso auch Kund:innen helfen, den Mitarbeiter:innen zu vertrauen. Authentizität ist dann besonders einfach, wenn man sich in Kontexten bewegt, in denen alle anderen ähnlich sind wie man selbst. Wenn man zur Mehrheit gehört, kann man relativ leicht man selbst sein. Authentizität ist für diejenigen besonders schwer, die aus der Reihe tanzen. Als VertrauensArchitekt:innen sollten wir also mithelfen, Unternehmenskontexte zu schaffen, in denen Mitarbeiter:innen so sein können, wie sie eben sind. Dann ist es auch für Kund:innen einfacher, uns als Unternehmen zu vertrauen.

Neben Identität und Authentizität hilft Kommunikation. Wer das eigene Verhalten erklärt, erhöht die Wahrscheinlichkeit, dass dieses richtig eingeordnet und unmissverständlich mit den richtigen Motiven und Intentionen in Verbindung gebracht wird. Beispielsweise versehen einige Vergleichsportale die Motivation ihrer Fragen mit kurzen Statements zum Stichwort „Warum fragen wir das?". Das hilft ihren Kund:innen, die Funktionsweise und Ziele des Portals richtig einzuordnen. **Damit Kund:innen Integrität erkennen können, braucht es also sowohl *walk the talk* als auch *talk the walk*.** Es gilt, nicht nur das zu tun, was wir gesagt haben – sondern auch das zu erklären, was wir tun. Das kann auch bedeuten, Kund:innen die eigene Wertschöpfung zu erklären. Wenn Kund:innen beispielsweise nicht verstehen, dass sie für bestimmte Dienstleistungen zwar kein Geld bezahlen müssen, dafür aber ihre Nutzungsdaten an Dritte verkauft werden, kann das Integrität verletzen. Im Gegensatz hierzu, hilft es Kund:innen, die Vertrauenswürdigkeit eines Unternehmens einzuschätzen, wenn sie das Geschäftsmodell des Unternehmens grundsätzlich nachvollziehen können.[30]

Reflexion: Wie schaffen wir Vertrauen durch Integrität?

Welche Versprechen geben wir unseren Kund:innen?

Welche Werte und Haltung kommunizieren wir (explizit und implizit) an unsere Kund:innen?
Welche Versprechen leiten sich davon ab?
Welche Versprechen äußern wir explizit?
(z. B. Serviceversprechen, Produktfunktionalitäten, Preisführerschaft)

Integrität ist für Vertrauen ein Hygienefaktor. Um das Vertrauen unserer Kund:innen zu sichern, sollten wir prüfen, in welchen Situationen sie **Abweichungen zwischen unseren Versprechungen und Handlungen wahrnehmen könnten**. An diesen Stellen gilt es, die kritischen Handlungen zu hinterfragen oder besonders gut zu erklären.

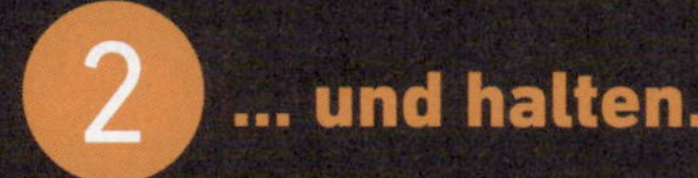

2 ... und halten.

Wie halten wir diese Versprechen?

Durch welche Verhaltensweisen halten wir die gemachten Versprechen? Wie spiegelt sich das Gesagte in unserem Verhalten? Wie lässt sich die Wahrnehmung der erfüllten Versprechen weiter steigern? (z. B. durch Kommunikation im Moment der Leistungserbringung)

3 ... und nicht halten.

Welche Verhaltensweisen passen nicht?

An welcher Stelle weichen unsere Handlungen von unseren Versprechen ab? Wie lassen sich diese Abweichungen beheben oder besser erklären? (z. B. durch Verbesserung des Angebots oder Anpassung der Kommunikation)

Kapitel 5: Wir wollen dasselbe | Interessen

Du kannst mir dann vertrauen, wenn unsere Ziele in Einklang stehen.

Was Friseursalons betrifft, bin ich kein sonderlich loyaler Kunde. Ich gehe in der Regel einfach dorthin, wo es gerade auf meinem Weg liegt. Es gibt aber einen Friseursalon, dem ich mehrere Jahre treu war. Es handelt sich um einen kleinen Laden in der Nymphenburger Straße in München mit dem zutreffenden Namen: *„Haare, die begeistern."* Jedes Mal, wenn ich dort meine Haare schneiden ließ, spielte sich dieselbe Szene ab. Nachdem der Friseur meinen Hinterkopf fertig geschnitten hatte, trat er drei Schritte zurück, musterte sein Werk mit ernster Miene – in etwa so wie ein Künstler sein Werk betrachtet – und lächelte zufrieden, bevor er noch eine letzte Kontur nachbesserte. Ich liebte diese Szene. Ich glaube nicht, dass es ihm sehr wichtig war, genau meine Wünsche zu erfüllen. Es war noch viel besser: Es war sein eigener Wunsch, den perfekten Haarschnitt zu schneiden. Irgendwann war mein Vertrauen in ihn so groß, dass wir gar nicht mehr miteinander sprachen. Ich setzte mich hin und er legte einfach los. Ich wusste eben, dass wir dasselbe wollen.

Der dritte Vertrauensmechanismus, den wir für die Gestaltung von Vertrauenssituationen einsetzen können, bezieht sich auf die Interessen und Ziele der beteiligten Personen. Vertrauen hat es dann besonders leicht, wenn die Interessen und Ziele der beteiligten Personen in Einklang stehen oder die Personen gar dasselbe wollen. **Wenn Unternehmen und Kund:innen entweder gemeinsam gewinnen oder gemeinsam verlieren, fällt es Kund:innen besonders leicht, an die guten Absichten des Unternehmens zu glauben.** Als Unternehmen wollen wir dann in den Augen unserer Kund:innen das Richtige – denn schließlich wollen wir dasselbe.

Interessenkonflikte sind Vertrauens-Killer.

Wenn wir sprichwörtlich im selben Boot sitzen – also entweder gemeinsam gewinnen oder aber gemeinsam verlieren, wird es uns leicht fallen, uns gegenseitig zu vertrauen. **Im Gegensatz dazu, ist Vertrauen in der Gegenwart von Interessenkonflikten schwer zu entwickeln.** Das ist naheliegend. Dennoch findet man in den Geschäftsmodellen vieler etablierter Industrien eine ganze Reihe fest verankerter Interessenkonflikte zwischen Unternehmen und Kund:innen – also Situationen, in denen völlig klar wird: Gewonnen wird hier nicht gemeinsam, sondern wenn die eine Seite gewinnt, verliert die andere. Diese Interessenkonflikte führen ganz wesentlich dazu, dass Misstrauen zwischen Kund:innen und Unternehmen entsteht.

Einige Beispiele: Banken verdienen unter anderem daran, dass ich mein Konto überziehe und dafür hohe Zinsen zahle. Je mehr ich mich verschulde, desto schlechter für mich – und desto besser für meine Bank. In der Telekommunikation und einigen weiteren Branchen mit langjährigen Verträgen hat sich der unsägliche Begriff der *Sleepers* etabliert. Gemeint sind damit *schlafende Kund:innen*, deren Verträge sich Jahr für Jahr automatisch verlängern, ohne dass die Kund:innen aktiv werden. Während die Unternehmen meist sorgfältig darauf achten, diese Kund:innen nicht aufzuwecken, läge genau das Gegenteil im Interesse der Kund:innen.[31] Ärzte und Krankenhäuser verdienen an Untersuchungen und Behandlungen, die womöglich sogar meiner Gesundheit schaden. Sie machen sich auch rechtlich weniger angreifbar, wenn sie im Zweifel besser eine Untersuchung zu viel als zu wenig vornehmen. Online-Zeitungen verdienen unmittelbarer an der Anzahl Klicks auf ihre Verlinkungen als am Informationsgrad ihrer Berichterstattung. Die Versicherungsbranche hat gleich mit mehreren Interessenkonflikten zu kämpfen. Einer davon zeigt sich im Schadenfall: Jeder Euro, den Versicherer für die Schäden ihrer Kund:innen ausgeben, ist ein Euro weniger im Jahresgewinn. Das finanzielle Interesse des Versicherers ist dem der Kund:innen im Schadenfall also genau entgegengesetzt.

Wer Interessenkonflikte löst, schafft Vertrauen.

Dan Ariely ist ein Rockstar der Psychologie. Er ist Professor an der renommierten Duke University und hat mehrere internationale Bestseller, wie etwa *Predictably Irrational*[32] und *The Upside of Irrationality*[33], geschrieben. Als Wissenschaftler untersucht Ariely, wie Menschen Entscheidungen treffen. Was ihn darüber hinaus besonders auszeichnet, ist, dass er sich als Unternehmer und Berater auch höchstpersönlich darum kümmert, dass die wissenschaftlichen Erkenntnisse praktische Anwendung finden. Eines seiner öffentlichkeitswirksamsten Engagements ist das als *Chief Behavioral Officer* beim Versicherungs-Start-up Lemonade. Hier hat sich Ariely dem Vertrauensproblem der Versicherungen angenommen. Lemonades Lösung zur Reduktion des geschilderten Interessenkonflikts mit ihren Kund:innen ist in der Branche bislang einzigartig: Wer bei Lemonade eine Versicherung abschließt, wählt eine Wohltätigkeitsorganisation aus, die einem besonders am Herzen liegt. Lemonade behält von den eingenommenen Versicherungsprämien einen feststehenden Prozentsatz. Der Rest geht am Jahresende an die von den Kund:innen ausgewählten Wohltätigkeitsorganisationen – abzüglich der in diesem Jahr zu zahlenden Schäden.

Durch das Einbeziehen der Wohltätigkeitsorganisationen wird der Interessenkonflikt zwischen Lemonade und ihren Kund:innen reduziert. Lemonades Gewinn ist damit – im Gegensatz zum klassischen Geschäftsmodell der Versicherung – nicht unmittelbar von ihren Schadenzahlungen abhängig. Lemonade hat sich damit selbst einer Struktur unterworfen, die es dem Unternehmen leichter macht, im Interesse der eigenen Kund:innen zu handeln. Damit wird es leichter, Lemonade im Schadenfall zu vertrauen. Laut dem Unternehmen wirkt sich das Modell aber auch auf das Verhalten der Kund:innen aus, die bei Lemonade deutlich ehrlicher als bei anderen Versicherern sein sollen. Denn wer bei Lemonade betrügt, schadet damit nicht einem Finanzkonzern, sondern der selbst ausgewählten Wohltätigkeitsorganisation.[34]

Lemonades Idee ist neu und durchaus komplex. Sie funktioniert nur unter einigen Prämissen. Eine davon ist, dass ihren Kund:innen wirklich viel an der ausgewählten Wohltätigkeitsorganisation liegt. Eine weitere ist, dass Kund:innen das Geschäftsmodell des Start-ups verstehen. Ähnliche Mechanismen, die eigentlich gegenteilige Interessen in Einklang bringen, sind weitaus geläufiger: Die Mietkaution führt dazu, dass Mieter:innen daran gelegen ist, die Wohnung im Sinne der Vermieter:in möglichst ohne Schäden wieder zurückzugeben. Bei der Automiete motiviert mich der Selbstbehalt, ganz im Sinne der Autovermietung behutsam mit dem Mietwagen umzugehen. Hier wird deutlich: Vertrauen hängt nicht einfach nur von bestimmten Verhaltensweisen oder Eigenschaften der Personen ab, denen vertraut werden soll. Ausschlaggebend ist auch das System, in dem die Kooperationspartner:innen agieren. **Als Unternehmen sollte es entsprechend unser Anspruch sein, für uns selbst Interessen zu schaffen, die mit denen unserer Kund:innen harmonieren.** Nullsummenspiele, bei denen wir als Unternehmen umso mehr gewinnen, je weniger die eigenen Kund:innen gewinnen, sind Vertrauenskiller. Unternehmen sollten vielmehr immer dann profitieren, wenn es den eigenen Kund:innen gut geht. Und: Die Kund:innen müssen profitieren, wenn es den Unternehmen gut geht. Alles andere ist problematisch.

Wir vertrauen uns dann, wenn wir an dasselbe glauben.

Vertrauen kann sich nachhaltig entwickeln, wenn die Interessen von Unternehmen und Kund:innen in Einklang stehen. In der Extremform heißt das: Unternehmen und Kund:innen verfolgen ein gemeinsames Ziel – arbeiten also gemeinsam auf eine Sache hin, die beiden Seiten wichtig ist.[35] **Dadurch kann sich eine gemeinsame soziale Identität zwischen Unternehmen und Kund:innen entwickeln, die sich dadurch äußert, dass sich beide Seiten nicht mehr als „die" und „wir" begreifen, sondern ein gemeinsames Wir-Gefühl entsteht.[36]**

Ich komme ursprünglich aus einem kleinen Dorf im Allgäu. Lange Zeit gab es dort ein kleines Lebensmittelgeschäft – bis es sich irgendwann nicht mehr rentiert hatte und schließen musste. Für die Dorfgemeinschaft war der Laden aber wichtig und so organisierte man sich, gründete eine Genossenschaft und führt jetzt bereits seit mehr als zehn Jahren gemeinsam einen Dorfladen. Für die Menschen vor Ort ist bis heute klar: Den Laden und damit die Versorgung vor Ort gibt es nur, solange ausreichend eingekauft wird. Der Laden ist gemeinsame Sache – Kund:innen wie Mitarbeiter:innen sind allesamt Unterstützer:innen des gemeinsamen Dorfladens. Die Personen vor und hinter dem Tresen sind alle aus demselben Grund im Laden: Um ihn zu behalten. Rund um dem Dorfladen ist ein *wir* entstanden – also eine gemeinsame soziale Identität.

Unternehmen, die auf diese Art nicht für oder im Austausch mit ihren Kund:innen, sondern vielmehr *gemeinsam* mit ihren Kund:innen agieren, sind entsprechend weit davon entfernt, durch Interessenkonflikte mit ihren Kund:innen an Vertrauen einzubüßen. So schaffen es beispielsweise Unternehmen, die glaubhaft gesellschaftliche Verantwortung übernehmen und auf soziale oder ökologische Ziele hinarbeiten, ihre Kund:innen in eine gemeinsame soziale Identität einzubeziehen. Das lässt sich etwa in Unverpackt- und Bioläden beobachten oder unter den Kund:innen von sozial orientierten Organisationen wie Viva con Agua. Aber auch bei konventionellen Marken wie Apple oder Tesla lässt sich teilweise beobachten, dass sich Mitarbeiter und Kund:innen als Mitglieder derselben Gruppe identifizieren – sei es als Technikbegeisterte oder auch nur als Fans der jeweiligen Marke.

Wenn wir als VertrauensArchitekt:innen Situationen betrachten, können wir uns entsprechend fragen, welche Personen involviert sind und welche Interessen und Ziele sie haben. Oft lassen sich bestehende Abhängigkeiten so strukturieren, dass entgegengesetzte Interessen harmonisiert werden. **Geschäftsmodelle sollten möglichst so strukturiert werden, dass Unternehmen und Kund:innen gemeinsam gewinnen.** Zudem kann es vertrauensfördernd sein, die eigenen Interessen und Ziele klar zu kommunizieren. Im Abgleich mit den Zielen der Kund:innen kann es so womöglich gelingen, eine mit den Kund:innen gemeinsame soziale Identität zu entwickeln.

Übrigens: Interessen-konflikte schüren auch im Unternehmen Misstrauen.

Der Schwerpunkt dieses Buchs liegt auf der Entwicklung von Vertrauen zwischen Unternehmen und ihren Kund:innen. Grundsätzlich lässt sich auf vergleichbare Weise aber auch Vertrauen innerhalb von Organisationen entwickeln. Damit sich die Mitarbeiter:innen innerhalb eines Unternehmens vertrauen können, sollten ihre Interessen harmonieren. Wenn einzelne Mitarbeiter:innen davon profitieren, wenn andere scheitern, kann Vertrauen nur sehr schwer entstehen. Der perfekte Nährboden für Ellenbogenkulturen in Unternehmen sind starr hierarchische Strukturen, bei denen es nur wenige Gewinner:innen geben kann: Je mehr um mich herum scheitern, desto besser meine Chancen auf der Karriereleiter.

Wie ist das an deinem Arbeitsplatz? Vielleicht nimmst du dir kurz einen Stift oder öffnest die Notizen-App auf deinem Smartphone für den folgenden Selbsttest: Wer sind in deinem Arbeitskontext die fünf Personen, denen du am meisten vertraust? Und: Wer sind die fünf Personen, denen du am wenigsten vertraust? Häufig ist es in Organisationen so, dass die Personen, denen du vertraust, sich gegenseitig auch vertrauen. Und sie misstrauen denen, denen du auch misstraust. Und auf der anderen Seite: Auch die Personen, denen du misstraust, vertrauen sich gegenseitig – und misstrauen den Personen, denen du vertraust. Gilt das auch für deine Liste? Dann ist das ein Zeichen dafür, dass Vertrauen und Misstrauen in deinem Unternehmen strukturell bedingt ist. Du misstraust diesen Menschen nicht aufgrund ihrer persönlichen Eigenschaften, sondern vor allem deshalb, weil du anders incentiviert bist als sie. **So wie ihr euch in deinem Unternehmen organisiert habt, verfolgen die beiden Gruppen auf deinem Zettel eben unterschiedliche Ziele.** Ihr sitzt nicht im selben Boot.[37]

Vielleicht erkennst du in deinen zwei Gruppen ja auch gleich ein Muster. Findest du Gemeinsamkeiten innerhalb der Gruppen oder Unterschiede zwischen den Gruppen – zum Beispiel hinsichtlich der Abteilungszugehörigkeit, Rollen oder der fachlichen Hintergründe der

Personen? Für den Fall, dass du ein Vertrauensproblem entdeckt hast, kann dir dieses Muster helfen, es zu lösen – beispielsweise indem die bestehenden Strukturen reflektiert oder verändert werden.

Die Strukturen, die wir uns in Organisationen selbst auferlegen, sind ausschlaggebend. Dennoch ist es für einzelne Mitarbeiter:innen möglich, Interessenkonflikten auch von innen heraus entgegenzusteuern – ganz ohne großes Transformationsprogramm. Indem sie etwa in ihren Teams darüber sprechen, was ihnen wichtig ist, sie sich auf gemeinsame Ziele verständigen und zur Erreichung dieser Ziele explizite Vereinbarungen treffen.

Reflexion: Wie schaffen wir Vertrauen durch gemeinsame Ziele?

1 Konkurrierende Ziele

Welche Interessenkonflikte bestehen mit Kund:innen?

Wo haben Kund:innen den Eindruck, dass wir konkurrierende Ziele verfolgen? (z. B. bei Reklamationen, Retouren oder im Schadenfall)

2 Unabhängige Ziele

Wie lassen sich Interessenkonflikte reduzieren?

Wie lassen sich die erkannten Zielkonflikte reduzieren? (z. B. durch Anpassung oder Erklärung der eigenen Incentivierung)

3 Gemeinsame Ziele

Was wollen wir gemeinsam?

Welche Ziele von Unternehmen und Kund:innen sind komplementär, sodass wir entweder gemeinsam gewinnen oder gemeinsam verlieren? Wie präsent sind diese Gemeinsamkeiten für Kund:innen? Wie lässt sich das verbessern? (z. B. gemeinsamer übergeordneter Sinn, gemeinsames Interesse an erbrachter Leistung)

Wir können uns vertrauen, wenn wir dasselbe wollen. Um nachhaltiges Vertrauen zu entwickeln, sollten wir prüfen, was uns als Unternehmen mit unseren Kund:innen vereint: Was ist für beide Seiten wichtig? Woran glauben beide Seiten gemeinsam? Auf der anderen Seite sollten wir klären, in welchen Situationen unsere Kund:innen Konflikte erfahren zwischen dem, was sie wollen, und den Interessen und Zielen des Unternehmens.

Kapitel 6: Es gibt Konsequenzen | Karma

Du kannst mir dann vertrauen, wenn mein Handeln Konsequenzen hat.

Karma beschreibt die Vorstellung, dass im Leben jede Handlung unweigerlich Konsequenzen hat. Das Konzept beschreibt unter anderem im Buddhismus und Hinduismus eine Gesetzmäßigkeit, nach der jede Tat (und bereits jeder Gedanke) Folgen hat – insbesondere Rückwirkungen auf die eigene Person. Wenn ich mich gut verhalte, kommt das Gute auf mich zurück, ebenso das Schlechte, wenn ich mich schlecht verhalte. Das eigene Verhalten hat für einen selbst also Konsequenzen. Karma ist unser vierter Vertrauensmechanismus und der vierte von fünf Mechanismen, die mit der Vertrauens-Achse Wollen einhergehen. **In einer Welt, in der mein Verhalten Konsequenzen für mich hat, in der also vertrauenswürdiges Verhalten belohnt wird und Vertrauensbrüche bestraft werden können, habe ich ein Eigeninteresse daran, mich vertrauenswürdig zu verhalten. Das macht es für andere leichter, mir zu vertrauen.**[38]

Die Wirkung von Karma wird besonders deutlich, wenn man Situationen betrachtet, in denen es fehlt. In *karmafreien Zonen* hat unser Verhalten keine oder kaum Konsequenzen – auch Vertrauensbrüche nicht. Eine solche Situation ist zum Beispiel die Begegnung mit einer Souvenir-Händler:in im Urlaub. Wir wissen, dass wir uns sehr wahrscheinlich nie wieder sehen werden. Ob wir also ehrlich zueinander sind – oder nicht – wird in der Zukunft eher keine Konsequenzen haben. Entsprechend schwer ist es für uns, einander in derartigen karmafreien Situationen zu vertrauen.

Als Menschheit sind wir allerdings ziemlich gut darin, dafür zu sorgen, dass Vertrauensbrüche Konsequenzen haben. Das taten wir wohl bereits vor zwei Millionen Jahren in unseren ersten Urgesellschaften. Weil wir uns in Gruppen von nicht mehr als 50 bis 100 Menschen bewegten, war Lästern ein wichtiger Mechanismus, um alle über das Verhalten (und Fehlverhalten) der einzelnen Stammesmitglieder

informiert zu halten. Vertrauensbrüche, wie etwa die Beute nicht zu teilen, wurden durch Hohn, Spott, bis hin zur Tötung durch die gesamte Gruppe bestraft.[39] So bildeten sich wohl bereits in Urgesellschaften soziale Normen darüber, was erlaubt war und was nicht. Diese Normen begünstigen vertrauenswürdiges Verhalten und waren für das Überleben der Gruppe notwendig. Komplexe Aufgaben wie die Jagd oder Kriegsführung waren nur durch die Gruppe gemeinsam effektiv zu bewältigen. Die Kooperation innerhalb der Gruppe wurde dadurch sichergestellt, dass es sich für jeden individuell lohnte, sich vertrauenswürdig zu verhalten. Bis heute werden Abweichungen von sozialen Normen durch Schuld- und Schamgefühle begleitet – oder ganz explizit bestraft. Denn indem wir als Gesellschaft Vertrauensbrüche bestrafen, erhöhen wir die allgemeine Vertrauenswürdigkeit unserer Mitmenschen.

Soziale Sichtbarkeit macht uns vertrauenswürdiger.

Ob mein Verhalten Konsequenzen hat, hängt zunächst davon ab, ob mein Verhalten von anderen gesehen wird. Ich kann schließlich nur für Taten bestraft werden, die auch bemerkt und mir zugeordnet werden. Je stärker ich als Person mit meinem Verhalten sozial sichtbar bin, desto stärker richte ich mein Verhalten an sozialen Normen aus. Das wird etwa deutlich, wenn wir unsere Tischmanieren zu Hause am Frühstückstisch mit denen abends im Restaurant vergleichen.

Wie beruhigend die vertrauensfördernde Wirkung sozialer Sichtbarkeit sein kann, habe ich vor einigen Jahren am eigenen Leib erfahren, als die Polizei nachts unsere Wohnung durchsuchte. Meine Frau und ich wohnten in einer kleinen Wohnung in Münchens Maxvorstadt. Eines Nachts klingelte es Sturm. Es war etwa vier oder fünf Uhr morgens. Es klingelte gleichzeitig unten an der Haustüre und oben an unserer Wohnungstüre. „Polizei! Machen Sie die Tür auf!" riefen die Beamten durch die noch geschlossene Wohnungstür. Wir waren schockiert. Drei Polizist:innen kamen in unsere Wohnung. Scheinbar wurde meine Frau verdächtigt, mit Anabolika zu handeln. Die Situation war für uns unglaublich. Natürlich hatte weder sie noch ich je mit der Substanz zu tun gehabt. Es musste also ein Fehler vorliegen. Irgendetwas stimmte nicht. Trotzdem durchsuchten die Beamten jede Ecke unserer Wohnung und stellten uns hartnäckig ihre Fragen. Die Aktion war für uns ein völlig unberechtigter Eingriff in unsere Privatsphäre. Das fühlte sich gar nicht gut an. Erst einige Tage später klärte sich die Situation auf: Jemand hatte die Packstation meiner Frau gehackt und tatsächlich unter ihrem Namen mit illegalen Substanzen gehandelt.

Was uns in dieser unglücklichen Situation beide sehr beruhigte, war, dass die Polizist:innen nicht allein gekommen waren. Sie hatten einen Mitarbeiter der Stadt dabei, der sich uns gleich zu Beginn als neutraler Beobachter vorgestellt hatte. Wir kannten den Mann nicht und er sagte die ganze Zeit über fast gar nichts. Aber seine reine Anwesenheit gab uns das Gefühl, dass die Polizist:innen nicht einfach tun und lassen konnten, was sie wollten. Seine Anwesenheit half uns, darauf zu vertrauen, dass sie sich trotz der unberechtigten Durchsuchung am Ende korrekt verhalten würden.

Um vertrauenswürdiges Verhalten zu fördern und damit mehr Vertrauen zu ermöglichen, kann es demnach ein effektiver Weg sein, die soziale Sichtbarkeit in Vertrauenssituationen zu erhöhen. Unternehmen tun dies beispielsweise, wenn sie sich selbst Klimaziele auferlegen und über den Stand ihrer Zielerreichung kontinuierlich öffentlich berichten. Auch im Kontakt mit Kund:innen kann soziale Sichtbarkeit vertrauensfördernd wirken. Zum Beispiel wenn Unternehmen ihre Service-Mitarbeiter:innen mit Klarnamen und Foto auf der Unternehmens-Website zeigen – oder analog dazu Zeitungen und Blogs ihre Autor:innen oder Kanzleien ihre Anwält:innen. Auf ähnliche Weise kann es Kund:innen beim Vertrauen helfen, wenn sie immer wieder dieselbe Mitarbeiter:in anstelle von ständig wechselnden Ansprechpartner:innen erleben. Entsprechend kann auch die Verwendung von konstant gehaltenen Service-Avataren vertrauenswirksam sein. Soziale Sichtbarkeit kann dabei nicht nur die Vertrauenswürdigkeit von Unternehmen steigern, sondern auch die der Kund:innen. Formulare werden tendenziell ehrlicher ausgefüllt, wenn bereits zu Beginn und nicht erst am Ende des Formulars der Name und die Adresse abgefragt werden. Auch die Verwendung von Video-Botschaften kann helfen, die Ehrlichkeit von Kund:innen – etwa bei Reklamationen oder Schadenmeldungen – zu erhöhen.

Das Internet macht uns die globalisierte Welt wieder zum Dorf.

Wenn Unternehmen und Kund:innen mit ihrem Verhalten sozial sichtbar werden, kann das also vertrauensfördernd sein. Genau das passiert in unserer zunehmend digitalen Welt immer häufiger und intensiver. Wie Unternehmen mit ihren Kund:innen umgehen, war vor einigen Jahren in der Regel noch eine Sache zwischen einer Mitarbeiter:in des Unternehmens und einer Kund:in. Heute werden Kund:innenerlebnisse schnell öffentlich. So etwa das des O2-Kunden Martin Bauer im November 2012. Er hatte Netzprobleme und sich deshalb an den Kund:innenservice seines Telefonanbieters gewandt – in der Hoffnung auf Hilfe. Diese wurde enttäuscht. Man sagte ihm immer wieder, er sei nur ein Einzelfall. Das ärgerte Bauer. Er glaubte nicht, dass sein Problem ein Einzelfall war. Und so startete er einen Blog mit dem Titel „Wir sind Einzelfall". Seine Story verbreitete sich auf Twitter wie ein

Lauffeuer. Bereits nach zwei Tagen hatten 500 weitere O2-Kunden ihre ähnlichen Netzprobleme auf der Website eingetragen. Nur wenige weitere Tage später waren es mehr als 7000 Einträge. O2 entschuldigte sich, nahm sich der Sache an und verbesserte sowohl ihr Netz als auch die Kund:innenkommunikation. Von Einzelfällen ist in ihren Servicegesprächen heute nicht mehr die Rede. Einige Jahre vorher wäre Bauers Geschichte anders verlaufen. Er wäre genauso enttäuscht gewesen und hätte seinem Unmut in seinem sozialen Umfeld Kund getan. Ohne das Internet wäre O2s Vertrauensbruch aber nicht auf diese Art sichtbar geworden. Ohne das Internet hätte O2 nicht denselben Anreiz gehabt, sich vertrauenswürdiger zu verhalten.[40]

Das Internet hat dafür gesorgt, dass unser Verhalten in vielen Lebensbereichen leichter öffentlich sichtbar werden kann. **Die Globalisierung hat uns die Welt geöffnet. Und das Internet hat uns diese offene Welt wieder zum Dorf gemacht.** Mit wem wir heute in Kontakt treten, Beziehungen pflegen und zusammenarbeiten, ist längst nicht mehr auf unseren Stamm oder unser Dorf beschränkt. Wir könnten das nun mit der ganzen Welt tun. Das Internet ermöglicht uns dabei, dass wir spielend leicht über Länder- und Kulturgrenzen hinweg kommunizieren können. Und noch mehr: Es schafft eine nie vorher da gewesene soziale Sichtbarkeit und ermöglicht damit Vertrauen zu Menschen, die wir analog noch nie gesehen haben. Wenn sich das Verhalten von Fahrern, Hotels, Unternehmen, Arbeitgebern und Dozenten in Bewertungen auf diversen öffentlichen Plattformen widerspiegeln kann, schafft das eine neue Grundlage für Vertrauen in Fremde. Das Internet hat damit ermöglicht, dass globalisierte Märkte doch wieder nach denselben Regeln funktionieren, die schon einst für den örtlichen Bäcker galten.[41]

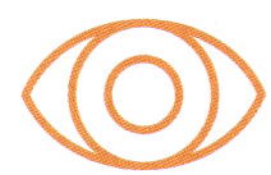

Gegenseitige Bewertungen schaffen Karma.

Die Vertrauensenthusiastin und Harvard-Wissenschaftlerin Rachel Botsman bezeichnet dieses neue, technologiebasierte Vertrauen als verteiltes Vertrauen. In ihrem Buch *Who Can You Trust?* beschreibt sie zahlreiche neue, plattformbasierte Geschäftsmodelle, die es ihren Nutzer:innen ermöglichen, sich gegenseitig direkt und damit ohne institutionelle Vermittlung zu vertrauen: Airbnb schafft Vertrauen zwischen Gastgeber:innen und Gästen, Uber zwischen Fahrer:innen und Mitfahrer:innen, Ebay und Etsy zwischen Verkäufer:innen und

Käufer:innen.[42] Dieses neue Vertrauen auf Peer-Ebene basiert vor allem auf digitalen Reputationssystemen: Die Nutzer:innen bewerten sich gegenseitig. Zu wissen, dass nach der Begegnung in beide Richtungen eine Bewertung erfolgt, macht es für beide Seiten leichter, sich zu vertrauen. **Was in den Ur-Gesellschaften durch Lästern erreicht wurde, schafft heute die Sterne-Bewertung.** Wenn du dich nicht vertrauenswürdig verhältst, wird das der Community mitgeteilt. In der Folge sinken deine Chancen auf weitere Zusammenarbeit.[43] Die Wirkung von Reputation als vertrauensbildenden Mechanismus besprechen wir im Detail in Kapitel 11 dieses Buchs. Neue Technologie erlaubt es, ausreichend Wissen über Fremde aufzubauen, sodass wir diesen vertrauen können. Das ist gewissermaßen ein Schritt zurück zum Vertrauen der Urgesellschaft. Es ist direktes Vertrauen ohne Umweg über Institutionen. Nur: Es ist skaliert. Wir vertrauen heute so vielen Menschen wie noch nie zuvor. Die Industrialisierung und Globalisierung haben dazu geführt, dass wir mit Menschen interagieren können, ohne ihnen direkt zu vertrauen. Dafür haben wir Institutionen als Vertrauensgeber gebraucht. Nun ermöglicht die Digitalisierung, dass wir diesen fremden Menschen, mit denen wir kooperieren wollen, auch (direkt) vertrauen können.

Langfristige Beziehungen schaffen Karma.

Soziale Sichtbarkeit kann also dazu führen, dass wir uns stärker an soziale Normen halten und uns dadurch vertrauenswürdiger verhalten. Das kann helfen, mehr Vertrauen zu schaffen. Auf ähnliche Weise können auch langfristige Beziehungen dazu führen, dass sich vertrauenswürdiges Verhalten für uns lohnt. Wenn wir mit anderen Menschen nicht nur in einmalige, sondern in immer wiederkehrende Interaktionen treten, verhalten wir uns vertrauenswürdiger, weil wir dadurch unsere Chancen auf zukünftige Kooperation steigern.[44]

Dieses Phänomen zeigt sich auch im Gefangenendilemma – einem Gedankenexperiment, in dem sich zwei Gefangene unabhängig voneinander entscheiden müssen, ob sie ihr Verbrechen leugnen oder zugeben. Leugnen beide, bekommen beide eine niedrige Strafe. Gestehen beide, bekommen beide eine hohe Strafe. Gesteht aber nur

eine der beiden Personen, so bleibt diese als Kronzeug:in straffrei, während die andere Person die Höchststrafe bekommt.[45] Wenn im Gefangenendilemma beide Akteure leugnen, kommen beide in Summe am besten weg. Das Dilemma ist nur: Egoistisch betrachtet ist das Geständnis verlockend: Wenn die Kompliz:in leugnet und man selbst gesteht, geht man straffrei aus der Situation – und wenn die Kompliz:in gesteht, vermeidet man durch das eigene Geständnis die Höchststrafe. Interessanterweise verhalten sich Proband:innen in dem Spiel dann vertrauensvoller (verraten einander also weniger), wenn sie wissen, dass sie das Spiel in mehreren Runden spielen.[46] Zu wissen, dass man in Zukunft von Kooperation profitieren wird, ist also ein starker Anreiz dafür, sich auch bereits heute kooperativ zu zeigen.

Neben der Aussicht auf zukünftige Kooperation stärken langfristige Beziehungen Vertrauenswürdigkeit auch durch den Wert der Beziehung an sich. Wenn uns eine intensive Beziehung verbindet, die von allen Seiten wertgeschätzt wird, dann besteht auch von allen Seiten ein echtes Interesse, diese Beziehung nicht zu gefährden. Wird das Vertrauen gebrochen, verlieren alle Beteiligten die gemeinsame Beziehung. **Langfristige und von den Beteiligten als wertvoll erachtete Beziehungen sind damit ein guter Nährboden für vertrauenswürdiges Verhalten.**

Was also, wenn wir Vertrauen zu Menschen aufbauen wollen, zu denen wir noch keine Beziehung haben und für die es kaum eine Rolle spielt, ob sie in Zukunft erneut mit uns kooperieren können? Vor dieser Herausforderung stand Muhammad Yunus, der nach einer Lösung suchte, mittellosen Menschen in Bangladesch den Zugang zu Krediten zu ermöglichen. Seine Lösung fördert Vertrauenswürdigkeit, indem er an bereits bestehende Beziehungen anknüpft, die langfristig sind und von den beteiligten Personen als wertvoll erachtet werden: Innerhalb einer Community bekommen zunächst nur ein bis zwei einzelne Personen einen Kredit, um sich ein Geschäft aufzubauen. Erst, wenn diese Personen damit begonnen haben, die Kredite zurückzubezahlen, können weitere Mitglieder der Community einen ähnlichen Kredit bekommen. So entsteht ein gewisser sozialer Druck, der die Kreditnehmer zur Rückzahlung des Kredits incentiviert. Auf dem Spiel steht nicht nur die Beziehung zur Kreditgeber:in, sondern vor allem die langfristigen und wertvollen Beziehungen innerhalb der eigenen Community. Um weitere Kredite zu bekommen, hat die Community als Ganzes ein starkes Interesse daran, ihre Mitglieder zur Rückzahlung der Kredite zu motivieren.[47]

Um Vertrauen zu stärken, kann es eine effektive Strategie sein, eine Umwelt zu schaffen, in der das eigene Verhalten Konsequenzen hat – in der man Verantwortung für das eigene Handeln tragen wird. Als Unternehmen können wir die eigene Vertrauenswürdigkeit steigern, indem wir sicherstellen, dass wir mit der Einhaltung unserer Verspechen in der Zukunft nicht anonym, sondern sozial sichtbar sein werden. **Wenn Kund:innen wissen, dass sie sich wehren können, falls wir uns als Unternehmen nicht an unsere Versprechen halten, können sie uns leichter vertrauen.** Um Kund:innenvertrauen zu gewinnen, kann es beispielsweise eine gute Idee sein, aktiv auf Bewertungsplattformen hinzuweisen, auf denen Kund:innen unsere Leistung bewerten und uns gegebenenfalls öffentlich kritisieren können. Darüber hinaus kann es helfen, einmalige Interaktionen in langfristig wiederkehrende Interaktionen zu verwandeln, zum Beispiel indem langjährige Kund:innen als solche ausgezeichnet werden und ihnen echte Treuevorteile gewährt werden. Wenn sich Loyalität sowohl für das Unternehmen als auch für die Kund:innen lohnt, ist das eine gute Basis für die Entwicklung von Vertrauen.

Übrigens: Vertrauenswürdigkeit *faken* kann keine gute Idee sein.

Vertrauenswürdigkeit zu *faken* könnte – wenn überhaupt – nur in einer Welt ganz ohne Karma funktionieren. Also bei einmaligen Transaktionen, die sich nicht wiederholen und über die auch keiner spricht. Und das ist natürlich keine Umwelt, in der sich seriöse Unternehmen wiederfinden. Wenn wir versuchen, Vertrauenswürdigkeit zu faken, werden Menschen enttäuscht und verlieren in der Konsequenz ihr Vertrauen wieder. Nur wer Vertrauenswürdigkeit akkurat beurteilen kann, wird gute Erfahrungen machen und in ihrem Vertrauen bestärkt werden. So sehr wir als Unternehmen auf Vertrauen angewiesen sind, so wenig kann es also dennoch infrage kommen, nur oberflächlich den Eindruck von Vertrauenswürdigkeit zu erwecken. **Wir müssen schon den ganzen Weg gehen: Unser Ziel muss es sein, für unsere Kund:innen vertrauenswürdiger zu werden und ihnen dabei zu helfen, unsere Vertrauenswürdigkeit zu erkennen.**

Reflexion: Wie schaffen wir Vertrauen durch Karma?

1 Vertrauensbrüche

Welche Vertrauensbrüche sind möglich?

Wie verhalten wir uns als Unternehmen, wenn wir das Vertrauen unserer Kund:innen enttäuschen? (z. B. nicht gehaltene Serviceversprechen oder fehlender Datenschutz)

2 Karma-Faktoren

Wie lassen sich die Konsequenzen erhöhen?

Wie stärken wir die Wahrnehmung, dass Vertrauensbrüche für uns als Unternehmen schädlich sind bzw. sanktioniert werden können? (z. B. durch Bewertungs-Plattformen, Beobachtung durch Dritte, langfristige Kund:innenbeziehungen)

Karma erleichtert Vertrauen. **Wenn Vertrauensbrüche sanktioniert werden können, hilft das den Beteiligten, im ersten Schritt Vertrauen zu finden.** Als Unternehmen können wir uns deshalb fragen, inwiefern das für uns selbst aus Sicht unserer Kund:innen gilt. Welche Vertrauensbrüche sind auf der Unternehmensseite möglich? Und: Welche Konsequenzen haben Vertrauensbrüche?

Welche Konsequenzen haben Vertrauensbrüche für uns?

Was sind die Konsequenzen für uns als Unternehmen, wenn wir das Vertrauen der Kund:innen enttäuschen? (z. B. schlechte Bewertungen, Kündigungen, Presse)

Kapitel 7: Ich vertraue dir auch | Reziprozität

Du kannst mir dann vertrauen, wenn ich dir auch vertraue.

Paul Zak ist Professor für Neuroökonomie an der Claremont University in Southern California. Er hat es sich zur Lebensaufgabe gemacht, die biochemischen Grundlagen menschlichen Vertrauens zu ergründen. Er will verstehen, was im Körper passiert, *wenn* wir vertrauen – und was im Körper passieren muss, *damit* wir vertrauen. Es macht Spaß, Zak zuzuhören, wenn er über seine Forschung spricht. Denn der Wissenschaftler versteht sich nicht als Laborratte, sondern er untersucht Vertrauen draußen, im echten Leben. Viele seiner mittlerweile berühmten Untersuchungen folgen einem einfachen Prinzip: Er begleitet Menschen in Vertrauenssituationen, nimmt ihnen Blut ab und untersucht die Proben dann hinsichtlich der im Organismus vorhandenen Botenstoffe. So besuchte Zak Hochzeiten nur, um dem Brautpaar und ihren Gästen während der Zeremonie Blut abzunehmen. Er reiste in die Urwaldgebiete Papua-Neuguineas, um den dort lebenden indigenen Völkern während ihrer Gruppenrituale Blut abzunehmen. Und er sprang selbst auf dem Rücken eines Fallschirmspringers aus dem Flugzeug – nur um sich dabei selbst während des Sprungs Blut abzunehmen.

In all diesen Situationen beobachteten Zak und sein Team dasselbe Muster: Wenn Menschen Vertrauen erleben, entweder indem sie einer anderen Person Vertrauen schenken oder indem sie selbst Vertrauen bekommen, dann produziert unser Gehirn mehr von einem ganz bestimmten Hormon. Es handelt sich um Oxytozin. Dieses Hormon spielt bei der Geburt eine wichtige Rolle und wird beispielsweise beim Sex und bei Umarmungen von unserem Gehirn produziert. Oxytozin führt zu einem starken Gefühl des Wohlbefindens. **Wenn wir also Vertrauen erleben, belohnt das unser Körper mit einem Schub Glücksgefühle.** Zaks Forschung zeigt auf biochemischer Ebene: Vertrauen macht uns glücklich. Das gilt auch für den Unternehmenskontext: In Unternehmen, in denen viel Vertrauen herrscht, geht es Mitarbeiter:innen deutlich besser als in solchen mit wenig Vertrauen. Wenn Mitarbeiter:innen Vertrauen entgegengebracht wird, fühlen sie sich weniger

gestresst, sind seltener krank, leiden deutlich seltener an Burnout und sind insgesamt zufriedener mit ihrem Leben. Zudem setzen sie sich eher für ihre Arbeit ein, fühlen sich produktiver und haben das Gefühl, für ihre Arbeit mehr Energie zu haben.[48]

Vertrauen schafft Oxytozin schafft Vertrauen schafft ...

Wenn wir Vertrauen erleben, produziert unser Gehirn also Oxytozin – und das gibt uns einen Glückskick. Aber das ist nur die eine Seite der Medaille. Die andere Seite wird nun für dieses Kapitel besonders wichtig: Es ist nämlich nicht nur so, dass wir Oxytozin bilden, wenn wir Vertrauen erleben. Es ist auch so, dass Oxytozin dazu führt, dass wir uns vertrauensvoller verhalten.

Nehmen wir an, du nimmst an einer typischen Studie teil, die Zak zur Erforschung des Vertrauens durchführt. Du befindest dich in einer Laborsituation. Du bist allein in einem Raum und Zak gibt dir als Versuchsleiter einige Instruktionen: *„Hier hast du 20 Euro. Du bekommst die 20 Euro geschenkt. Es ist jetzt dein Geld. Du kannst damit tun und lassen, was du möchtest. Im Raum nebenan sitzt eine zweite Person, die auch an unserer Studie teilnimmt. Du kennst die Person nicht und wir werden euch auch nicht miteinander bekannt machen. Wenn du willst, kannst du dieser Person im Raum nebenan einen beliebigen Teil deiner 20 Euro schicken. Die Summe, die du ihr gibst, wird sich auf dem Weg zu ihr verdreifachen. Die Person wird dann frei entscheiden können, ob sie dir wieder Geld zurückschickt und wenn ja, wie viel."* Hierbei handelt es sich um das sogenannte Vertrauensspiel (zu dem du in Kapitel 13 eine detailliertere Betrachtung findest), ein Standardexperiment, das bereits unzählige Male in unterschiedlichen Abwandlungen durchgeführt wurde, um Vertrauensverhalten zu untersuchen.[49] Wie viel Geld würdest du in der Situation an die Person im Nebenraum schicken? Die Höhe des investierten Betrags kann als Indiz für die Höhe deines Vertrauens in die unbekannte Person interpretiert werden. Wie viel Geld dir die andere Studienteilnehmer:in zurückschickt, als Indiz für vertrauenswürdiges Verhalten.

Warum aber sollte die Person im Nebenraum überhaupt Geld zurückschicken? Warum sollte sie nicht einfach das gesamte Geld für sich behalten? 90 Prozent der Teilnehmer:innen in Zaks Forschung schicken Geld in den Nebenraum und von denen, die Geld erhalten, schicken 95 Prozent der Probend:innen wieder Geld zurück! Die Personen im Nebenraum reagieren auf das entgegengebrachte Vertrauen also dadurch, dass sie sich vertrauenswürdig verhalten. Dieses Prinzip der Gegenseitigkeit nennt sich Reziprozität. Zaks Team fand hierfür eine Erklärung in den Oxytozinspiegeln der Proband:innen: Je mehr Geld die Person im Nebenraum bekommt, desto mehr Oxytozin wird von ihrem Gehirn produziert – und desto mehr Geld schickt sie zurück.[50]

Um genauer zu verstehen, wie sich der Oxytozinspiegel auf Vertrauen auswirkt, verabreichte Zak einigen Teilnehmer:innen durch ein Nasenspray synthetisches Oxytozin. Die Auswirkungen des Sprays sind beachtlich: Nur kleine Mengen Oxytozin reichen aus, um die Menge an Geld, die du der Person im Raum schicken würdest, zu verdoppeln. Die Person im Nebenraum reagiert auf deinen Vertrauensbeweis, indem ihr Gehirn wiederum auch Oxytozin produziert. Das fühlt sich gut an. Und sie schickt dir entsprechend mehr Geld zurück.

Es gibt also eine biologische Basis für Reziprozität. Zusätzlich ist Reziprozität aber auch eine stark verankerte soziale Norm. Vertrauen ist ein Prozess auf Gegenseitigkeit. **Wenn ich jemandem vertraue, bekomme ich tendenziell Vertrauen zurück. Und andersherum: Wenn sich mir gegenüber jemand verletzlich zeigt, steigt die Wahrscheinlichkeit, dass ich mich auch verletzlich mache.** Dieser Wunsch, etwas zu zurückzugeben, ist groß und gilt über Vertrauen hinaus. Andersherum: Wer Gefälligkeiten annimmt und nichts zurück gibt, wird sozial abgewertet. „Schnorrer und Parasiten werden nicht geduldet.“[51] Das soziale Umfeld reagiert mit Ablehnung und Antipathie.

Für Vertrauen herrscht das Prinzip Vorkasse. Die Frage ist, wer anfängt.

Was heißt das für uns als VertrauensArchitekt:innen? Sollten wir damit beginnen, unseren Kund:innen synthetisches Oxytozin zu verabreichen, damit sie leichter Vertrauen zu uns finden? Besser nicht. Menschliches Erleben und Verhalten ist komplex und lässt sich nicht einfach auf die Auswirkungen einzelner Botenstoffe reduzieren. So wirkt auch Oxytozin nicht bei allen Menschen und in allen Situationen gleich und kann unter Umsänden auch negative Auswirkungen haben, wie etwa Abwertung und Aggressionen gegenüber Außenseiter:innen.[52]

Zaks Nasenspray eignet sich aber dennoch für unseren Vertrauens-Architektur-Werkzeugkasten – und zwar als Metapher: Vertrauen erzeugt Oxytozin. Und Oxytozin erzeugt Vertrauen! **Wenn wir also Vertrauen ins System geben, produziert das System noch mehr Vertrauen.** Indem wir anderen Vertrauen entgegenbringen, verhalten sie sich tendenziell vertrauenswürdiger und schenken uns auch wiederum Vertrauen zurück. Vertrauen verstärkt sich selbst! Wenn wir wollen, dass sich unsere Kund:innen uns gegenüber verletzlich machen, kann es ein guter erster Schritt sein, uns zunächst selbst ihnen gegenüber verletzlich zu zeigen. In der Folge entstehen sogenannte Vulnerabilitäts-Schleifen, in denen sich die beteiligten Personen jeweils in Reaktion auf die jeweilige Öffnung des Gegenübers auch selbst immer weiter öffnen.[53]

Wenn wir als Unternehmen das Vertrauen unserer Kund:innen wollen, macht es also Sinn, uns zunächst ihnen gegenüber verletzlich zu machen.[54] Dass die Strategie aufgeht, macht beispielsweise das Musikhaus Thomann seit Jahren erfolgreich vor. Das Familienunternehmen war im Jahr 1996 der erste deutsche Musikhändler, der sich dem Online-Handel öffnete. Was in den 90er Jahren außergewöhnlich kund:innenorientiert war, ist bis heute immer noch keine Selbstverständlichkeit im Markt: Thomann nimmt alle bestellten Artikel innerhalb von 30 Tagen zurück – ohne Wenn und Aber. Diese Praxis ist ein echter Vertrauensbeweis in die Kund:innen – zumal Musikinstrumente sehr teuer und empfindlich sein können. Und Kund:innen geben dieses Vertrauen zurück. Das zeigt sich beispielsweise in einer besonders niedrigen Retourenquote.[55] Heute ist Thomann mit mehr als sieben Millionen Kund:innen das größte Musikhaus Europas.[56] Die Strategie von Thomann ist bemerkenswert, weil das Unternehmen mit seinem Retourenservice durchaus ins Risiko geht. Wer nicht ganz so viel Mut aufbringen kann, findet aber auch weniger offensive Möglichkeiten, um die Reziprozitätsspirale für mehr Vertrauen anzukurbeln. Reziprozität funktioniert auch mittels Symbolen, Gesten und Ritualen:

Die Trobriand-Inseln sind eine kleine, ringförmig angeordnete Inselgruppe in Papua-Neuguinea. Um die Handelsbeziehungen zwischen den weitgehend voneinander unabhängigen Inseln zu pflegen, nutzen die Trobriander:innen ein besonderes Tauschritual mit dem Namen Kula-Ring. Dabei handelt es sich um eine Art Ringtausch: In eine Himmelsrichtung werden rote Halsketten aus Muscheln getauscht, in die andere Richtung traditionelle Armbänder. Wer ein solches Kula erhält, ist verpflichtet, der gebenden Person innerhalb eines festgelegten Zeitraums ein entsprechendes anderes Kula zurückzuschenken. So entsteht ein komplexes, rituelles Gabenaustauschsystem, durch das sich Trobrianer:innen ständig gegenseitig kleine Freuden bereiten. Indem sich die Inselbewohner:innen gegenseitig symbolische Geschenke machen, schafft das Ritual unter den Inselbewohner:innen Vertrauen.[57]

Wenn Unternehmen ihren Kund:innen kleine Geschenke machen, etwa den Snack im Flugzeug, das Getränk im Hotelzimmer oder das Upgrade des Mietwagens, zahlt das auf ganz ähnliche Weise in die Reziprozität ein.[58] Reziprozität funktioniert im Übrigen auch in die andere Richtung: Misstrauen führt zu mehr Misstrauen.[59] Oder vielleicht noch treffender: Misstrauen wird mit Misstrauen bestraft. **Beim Vertrauen herrscht also das Prinzip Vorkasse. Die Frage ist, wer anfängt.** Und die Antwort muss sein: Die Seite, die es sich eher leisten kann. Die Seite, welche die Verletzlichkeit besser wegstecken kann. Das sind im Zweifel eben wir als Unternehmen. Je mehr Vertrauen wir ins System geben, desto einfacher wird es für jede einzelne Kund:in, zu vertrauen.[60]

Gegenseitiges Vertrauen ist besonders stabil.

Ein weiteres Argument für die Strategie, sich Vertrauen durch Vertrauen zu erarbeiten, ist die besondere Stabilität von gegenseitigem Vertrauen. Wenn beide Seiten gegenseitig verletzlich sind und sich voneinander abhängig machen, sind auch beide Seiten incentiviert, sich vertrauenswürdig zu verhalten. Einseitiges Vertrauen lässt sich demnach schwerer aufrechterhalten als gegenseitiges Vertrauen. Entsprechend ist die Gegenseitigkeit von Vertrauen in Gegenwart von Machtasymmetrien eingeschränkt.[61] Denn wer Macht hat, kann sich jederzeit entscheiden, nicht zu reziprozieren. Sind wir gleichberechtigt auf Augenhöhe, dann schmerzt uns ein Vertrauensbruch des jeweils anderen in etwa gleichermaßen. Es tut uns auch beiden in etwa gleich weh, wenn aufgrund eines Vertrauensbruchs unsere Beziehung beschädigt wird. Für Unternehmen mit Privatpersonen als Kund:innen

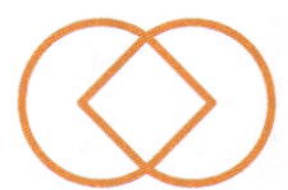

ist das eine Herausforderung. **Echtes Vertrauen zu entwickeln, ist für Menschen deutlich schwieriger, wenn der Interaktionspartner ein Konzern ist.**[62] Für Unternehmen bedeutet das, dass es sich lohnen kann, gegenüber den eigenen Kund:innen weniger die eigene Stärke oder gar Überlegenheit zu demonstrieren, sondern stärker eine Begegnung auf Augenhöhe anzustreben, bei der sich eben beide Seiten verletzlich machen.

Reflexion: Wie schaffen wir Vertrauen durch Reziprozität?

Salienz

Wie leicht ist das erkennbar?

Wie prägnant sind die Vertrauens-Signale für Kund:innen? (z. B. weil sie leicht vorstellbar oder in vielen Touchpoints sichtbar sind)

Vertrauens-Signale

Wie vertrauen wir unseren Kund:innen?

Wie zeigen wir unseren Kund:innen, dass wir ihnen vertrauen? Wie machen wir uns ihnen gegenüber also verletzlich und wie zeigen wir das? (z. B. indem unsere Produkte ausprobiert und wieder zurückgegeben werden können)

Vertrauen beruht auf Gegenseitigkeit. Wenn wir unseren Kund:innen vertrauen, steigt die Wahrscheinlichkeit dafür, dass sie uns Vertrauen zurückgeben. Es gilt das Prinzip Vorkasse. Die Frage ist, wer beginnt. Als Unternehmen sind wir in der Regel dazu in der besseren Position als unsere Kund:innen. Um die Vertrauensspirale anzukurbeln, können wir uns also fragen, wie wir uns selbst unseren Kund:innen gegenüber verletzlich machen können und wie wir das ihnen gegenüber auch zum Ausdruck bringen. Besonders interessant sind Vertrauens-Signale, die für Kund:innen leicht zu erkennen sind und für uns als Unternehmen kein all zu großes Risiko mit sich bringen.

Risiko

Wie hoch ist das Risiko für uns?

Wie hoch ist das Risiko der Vertrauens-Signale für uns als Unternehmen? (z. B. weil sie erhebliche Kosten oder Erwartungen anderer Kund:innen auslösen könnten)

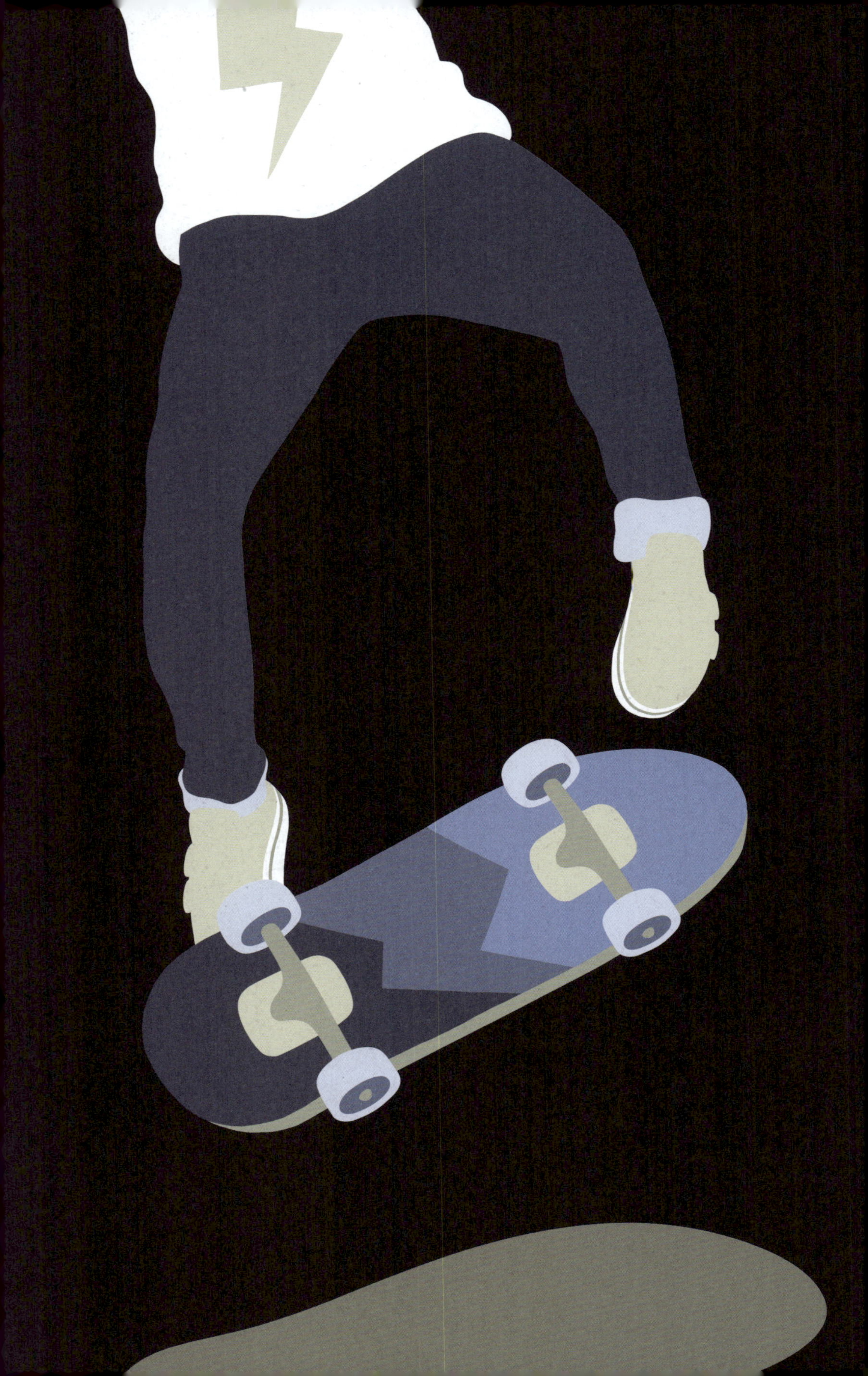

Dritter Teil: Können

Vertrauen erfordert, das Richtige auch zu können.

Zu Beginn des zweiten Teils dieses Buchs habe ich dir bereits von meinem Sohn Nils und seiner Ninjaburg erzählt. Er vertraut sie mir nicht an, weil er weiß, dass mir seine Burg nicht so heilig ist wie ihm selbst. Sein Misstrauen ist berechtigt. Es beruht auf der zu schwach ausgeprägten Vertrauensachse Wollen meinerseits: Tatsächlich würde ich nicht so gut auf seine Burg achtgeben, wie er das selbst tut. Glücklicherweise kennt Nils aber auch Menschen, denen Lego genauso viel bedeutet wie ihm selbst. Diese Menschen sind üblicherweise andere Kinder. Trotzdem habe ich beobachtet, dass Nils auch seine Freunde ungern mit seinen Legobauwerken allein lässt – und das, obwohl es ihnen ganz offensichtlich überhaupt nicht an guten Absichten in Bezug auf sein Lego fehlt. Das Problem liegt hier in der zweiten Voraussetzung für Vertrauen: Während andere Kinder über das notwendige Maß an *Wollen* für sein Lego verfügen, fehlt es ihnen am *Können*. Sie würden gerne gut darauf aufpassen – können es aber noch nicht. Es fehlt ihnen an Impulskontrolle und Fingerspitzengefühl. Das Ergebnis: Nils traut ihnen genauso wenig über den Weg wie mir.

Damit Kund:innen uns als Unternehmen vertrauen können, braucht es entsprechend nicht nur Gewissheit, dass wir in ihrem Interesse handeln werden. Darüber hinaus müssen sie sich sicher sein können, dass wir auch dazu in der Lage sind, entsprechend unserer guten Absichten zu handeln.[63] Es geht hier um nicht weniger als um die Frage, ob wir die Wertangebote, mit denen wir auf Kund:innen zugehen, am Ende des Tages auch liefern können. Also: Ist die Ärzt:in fähig, die Operation sicher und effektiv durchzuführen? Ist das Start-up fähig, ein gutes und profitables E-Bike herzustellen? Kann mich die Kanzlei vor Gericht professionell vertreten? Oder auch: Hat das Unternehmen die notwendigen technischen Voraussetzungen, um meine Daten zu sichern? **Um vertrauenswürdig zu sein, brauchen wir also bestimmte Kompetenzen. Und wir sollten es schaffen, dass unsere Kund:innen diese Kompetenzen auch erkennen können.**

Können ist die zweite Achse des Vertrauensdreiecks und damit neben *Wollen* eine weitere notwendige Voraussetzung für die Entstehung von Vertrauen. Können bezieht sich auf die Fähigkeit, die eigenen Absichten verlässlich umzusetzen.[64] Wenn wir als VertrauensArchitekt:innen auf Situationen blicken, fragen wir uns also nicht nur, welche Absichten Unternehmen haben und wie sie diese transportieren. Wir fragen uns auch, ob die notwendigen Kompetenzen vorhanden sind und ob diese erkennbar werden. Wir unterscheiden dabei zwei Vertrauensmechanismen, die für die Wahrnehmung von Kompetenz und damit für die Entstehung von kompetenzbasiertem Vertrauen entscheidend sind. In den nächsten beiden Kapiteln besprechen wir diese beiden Mechanismen im Detail: Fähigkeit und Kontinuität.

Kapitel 8: Ich kann es | Fähigkeit

Du kannst mir dann vertrauen, wenn ich die notwendigen Fähigkeiten habe.

Vor einigen Tagen fragte mich mein achtjähriger Sohn Emil beim Frühstück, ob es heute regnen würde. Ich schaute mit einem prüfenden Blick nach draußen und versicherte ihm väterlich: „Heute wird's schön!" Ich war zufrieden mit meiner Vorhersage. Nur: Emil offenbar nicht. Er schaute mich skeptisch an: „Kannst du mal auf deinem Handy schauen?". Emil vertraut meinen Wetterprognosen nicht wirklich. Die Fähigkeit, die es dazu braucht, sieht er eher bei Siri und meiner Wetter-App. Zum Glück gibt es noch andere Bereiche, in denen Emil meine Fähigkeiten eher ausreichen: Etwa, dass ich ihm bei seinen Hausaufgaben helfen oder sein Frühstück nach seinen Vorstellungen zubereiten kann. Dass Vertrauen von Fähigkeit abhängt, leuchtet ein. Auch als Unternehmen werden uns unsere Kund:innen in einer Sache nur dann vertrauen, wenn sie zuversichtlich sind, dass wir zu dieser Sache fähig sind.[65] Ob sie unsere Dienstleistungen buchen, hängt auch davon ab, ob wir das Versprochene effektiv liefern können. Ob sie uns ihre Daten anvertrauen, hängt unter anderem davon ab, ob sie uns die Fähigkeit zuschreiben, damit sorgsam umzugehen. Fähigkeit ist der sechste Vertrauensmechanismus, den wir zur Entwicklung von Vertrauen brauchen. Wenn wir als VertrauensArchitekt:innen Vertrauenssituationen entwickeln, sollten wir uns jeweils fragen, welche Fähigkeiten für eine erwünschte Vertrauenssituation notwendig sind – und inwiefern diese Fähigkeiten vorhanden und erkennbar sind.

Im zweiten Kapitel haben wir bereits ausführlich besprochen, dass wir einander nicht grundsätzlich in allen Dingen vertrauen, sondern hinsichtlich ganz spezifischer Aufgaben, Versprechen und Verhaltensweisen. **Vertrauen ist domänenspezifisch. Das liegt mitunter daran, dass Fähigkeiten das auch sind.**[66] Die Post ist mit ihren Dienstleistungen ein besonders sinnbildliches Beispiel für das Vertrauen von Kund:innen. Unser Vertrauen in die Post zeigt sich jedes Mal, wenn wir unsere mühevoll formulierten Postkarten, Briefe, wertvollen Geschen-

ke oder wichtigen Verträge in die gelben Kästen werfen – in vollster Zuversicht, dass die Post sie sorgsam behandeln und pünktlich zustellen wird. Jeden Tag, wenn wir unsere eigene Post im heimischen Briefkasten vorfinden, ist das ein erneuter Beweis für die Kernkompetenzen der Post: Etwa Logistik, Infrastruktur und Personal – mit dem Ergebnis, dass unsere Post Tag für Tag an der richtigen Stelle ankommt.

Innovation braucht neue Fähigkeiten für neues Vertrauen.

Unternehmen wie die Post entwickeln sich kontinuierlich weiter. Dazu gehört auch, dass die angebotenen Dienstleistungen und Produkte ständig optimiert und erweitert werden. Bei neuen Angeboten stellt sich die Frage: Reichen die bestehenden Fähigkeiten auch für das notwendige Vertrauen in die neuen Wertangebote aus? Oder braucht es dazu neue Fähigkeiten? Beispielsweise werden die bestehenden Kernkompetenzen der Post für ein neues Angebot *Express-Zustellung am selben Tag* vermutlich weiterhin ausreichen. Ein solches neues Angebot würde entsprechend wohl kaum Vertrauensprobleme auslösen. Anders sieht es mit neuen Angeboten aus, die deutlich über die aktuellen Kernkompetenzen hinausgehen. So etwa für den E-Postbrief, einer Dienstleistung zum sicheren Austausch digitaler Briefe. Damit Kund:innen diesem neuen Angebot vertrauen können, braucht es andere Fähigkeiten – etwa in den Bereichen IT, nutzerfreundliche Digital-Oberflächen und Daten-Sicherheit.[67] Dass die deutsche Post den E-Postbrief als neues Angebot nicht etablieren konnte und im Januar 2020 nach zehn Jahren wieder einstellen musste, könnte unter anderem darauf zurückführbar sein, dass ihr speziell für diesen Service nicht das notwendige Vertrauen entgegengebracht wurde.[68]

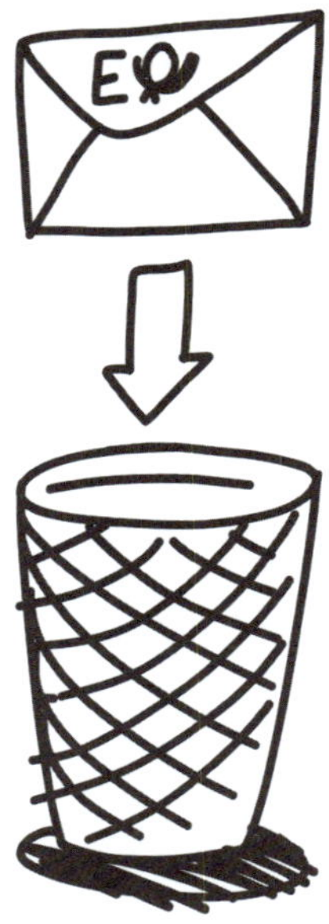

Wenn die heutigen Fähigkeiten ausreichen, um Kund:innen das heute notwendige Vertrauen zu ermöglichen – etwa in die aktuellen Produkte, Dienstleistungen und Kommunikationskanäle – heißt das nicht zwingend, dass dieselben Fähigkeiten auch für das in Zukunft notwendige Vertrauen ausreichen – also etwa in neue Produkte, weiterentwickelte Services und zusätzliche Kommunikationskanäle. **Wenn sich Unternehmen weiterentwickeln, benötigen sie neues Vertrauen. Und damit auch neue Fähigkeiten.** Als VertrauensArchitekt:innen sollten wir also sicherstellen, dass wir für das benötigte Vertrauen über die notwendigen Fähigkeiten verfügen. Heißt das, dass sich Unternehmen besser inkrementell als radikal verändern sollten? Nein – aber aus der Perspektive des Kund:innenvertrauens sind radikale Veränderungen des Wertangebots besonders herausfordernd. Hier gilt umso mehr, sorgfältig zu prüfen, welche Vertrauenssituationen für die neuen Wertangebote notwendig sind und welche Voraussetzungen es dafür braucht. Und hier gilt auch umso mehr sicherzustellen, dass das Vorhandensein der notwendigen Fähigkeiten auch bei den Kund:innen ankommt. Kund:innenvertrauen ist damit auch eine Frage der richtigen Investitionen: Als Unternehmen müssen wir verstehen, welche Kernkompetenzen heute und in Zukunft unserem Wertangebot zugrundeliegen und in die Schärfung und Entwicklung dieser Kompetenzen investieren.[69]

Was wir können, ist für Kund:innen häufig schwer zu beurteilen.

Für Vertrauen braucht es also ganz bestimmte Fähigkeiten. Und darüber hinaus einen weiteren Schritt: Als Unternehmen müssen wir es schaffen, dass unsere Kund:innen diese Fähigkeiten auch erkennen können. Das ist schwerer als man zunächst annehmen würde. Denn im Alltag sind wir in der Regel kaum in der Lage, die Fähigkeiten der Personen, Organisationen und Technologien, denen wir vertrauen wollen, elaboriert zu beurteilen. Das wird deutlich, wenn wir uns fragen, wie viel Zeit und Energie wir beispielsweise beim letzten Flug in die Prüfung der Fähigkeiten der Pilot:innen investiert haben – oder beim letzten Smartphone-Update in die Qualität der Software. Das menschliche Gehirn ist darauf optimiert, derartige Einschätzungen möglichst schnell und energieeffizient vorzunehmen. Diese Effizienz erreichen wir vor allem durch Vereinfachung: Wir ersetzen schwierige Fragen, also etwa die nach der Fähigkeit einer Pilot:in, einfach durch einfachere Fragen, die mehr oder weniger mit der ursprünglichen Frage assoziiert sind. Etwa, ob die Frau aussieht wie eine typische Pilot:in oder wie attraktiv und groß sie ist.

In der folgenden Situation erkennst du dich sicherlich wieder: Du bist in einer fremden Stadt unterwegs und auf der Suche nach einem Restaurant. Du schlenderst also durch die Straßen auf der Suche nach einem Lokal, das dich überzeugt. Jedes Mal, wenn du an einem Restaurant vorbeikommst, entscheidest du, ob es für dich infrage kommt. Aber wie eigentlich? Im Grunde geht es dir um die Qualität der Küche. Diese wirklich zu beurteilen, wird dir nicht möglich sein. Stattdessen machst du dir einen Eindruck – und das mit den Informationen, die dir im Moment zur Verfügung stehen. Also: In welcher Gegend befindet sich das Lokal? In welchem Zustand ist das Gebäude? Wie professionell ist die Speisekarte gestaltet? Wie viele Gäste sind bereits im Lokal? Wirkt das Personal sympathisch? Erinnert dich die Einrichtung an andere Restaurants, die du magst? All diese Fragen sind für dich deutlich leichter zu beantworten als die Frage nach der Qualität der Küche. Für die Beurteilung der Küche stellen diese mehr oder weniger relevante Informationen dar. Aber letztendlich wirst du dein Urteil auf der Grundlage dieser Informationen treffen.

Gewissermaßen ersetzt du die schwierige Frage nach der Qualität der Küche durch einfachere Fragen, deren Beantwortung dir die Situation erlaubt. **Solche Vereinfachungen werden als Heuristiken bezeichnet und stellen einen ganz wesentlichen Vorgang der menschlichen Intuition dar.** Ohne den Einsatz von Heuristiken wären wir von den vielen Fragen des Alltags schlichtweg überfordert. Heuristiken sind also hochgradig nützlich, weil sie uns ermöglichen, komplexe Urteile und Entscheidungen sehr effizient zu treffen.[70] Eine Eigenschaft heuristischer Urteile kann uns dabei Probleme machen: Wir Menschen (und damit auch unsere Kund:innen) verwenden sie in der Regel unbewusst. Das heißt: Wir bemerken in der Regel gar nicht, dass wir die Vereinfachungen vornehmen. Und noch gravierender: Es ist uns nicht zugänglich, *welche* Vereinfachung wir vornehmen. Während du das Restaurant also etwa danach auswählst, inwiefern es dich an andere Lokale erinnert, die du magst, bist weiterhin davon überzeugt, es nach der Qualität der Küche ausgewählt zu haben.

Als Unternehmen sollten wir die Heuristiken unserer Kund:innen verstehen.

Als Unternehmen heißt das für uns, dass wir nicht nur verstehen sollten, welche Kompetenzurteile wir von unseren Kund:innen für die Entwicklung von Vertrauen brauchen. Wir brauchen zudem auch ein Verständnis davon, **welche Informationen für unsere Kund:innen bei der Beurteilung unserer Kompetenz besonders prägnant sind und anhand welcher Heuristiken sie entsprechend ihre Kompetenzurteile fällen könnten.** Wenn wir also beispielsweise als Unternehmen exzellente Produktqualität als Kernkompetenz für das Vertrauen unserer Online-Kund:innen identifiziert haben, kann es helfen, alle möglicherweise mit dieser Kompetenz assoziierten Informationen und Eigenschaften zu identifizieren. Also alle Informationen, die Kund:innen für ihre Beurteilung der Produktqualität (bewusst und unbewusst) heranziehen könnten. Das kann beispielsweise die Qualität der Produktfotos und der Produktbeschreibungen sein. Genauso aber auch die Ästhetik der Website oder des Webshops an sich.

Weil sich unsere Kund:innen für die Beurteilung unserer Kompetenz in der Regel nicht bewusst, sondern unbewusst auf derartige periphere Merkmale stützen, macht es wenig Sinn, unsere Kund:innen danach zu befragen, wie sie bei ihrer Urteilsbildung vorgehen und welche Informationen sie berücksichtigen. Stattdessen bleibt uns nichts anderes übrig, als die tatsächlich wirksamen Heuristiken durch verhaltensbasiertes Testen zu identifizieren. Wenn wir also beispielsweise vermuten, dass hochwertige Produktfotos die Beurteilung der Produktqualität erhöhen, lässt sich diese Hypothese überprüfen, indem wir verschiedenen Kund:innengruppen unterschiedliche Produktfotos präsentieren und schließlich etwa die Produktbewertungen und erzielten Umsätze zwischen den Gruppen vergleichen. So lässt sich Wissen darüber aufbauen, welche Informationen und Eigenschaften Kund:innen für die Beurteilung spezifischer Fähigkeiten heranziehen.

Es braucht vor allem positive Kompetenz-Signale.

Im vierten Kapitel dieses Buchs haben wir festgestellt, dass die Beurteilung von Integrität vor allem auf negativen Informationen beruht. Um zu beurteilen, ob jemand aufrichtig ist, fragen wir uns also vor allem, ob die Person lügt. Wenn diese negative Information fehlt, folgern wir: Alles in Ordnung. Die Person ist aufrichtig. Bei der Beurteilung von Fähigkeiten verhält es sich genau entgegengesetzt: Entscheidend sind vor allem positive Signale: Es reicht uns oft bereits aus, bestimmte Fähigkeiten nur einmalig erlebt zu haben, um diese einer Person grundsätzlich zuzuschreiben: Wer einmal einen guten Vortrag gehalten hat, ist eine gute Redner:in. Das bleibt auch so, wenn es ein andermal schief geht. Wer ein Tor schießt, ist ein guter Schütze – auch wenn sie ein andermal danebenschießt. **Für uns als Unternehmen bedeutet das, dass wir unsere Kernkompetenzen möglichst schillernd zeigen sollten: Show-cases und Leuchtturmprodukte können unsere Kund:innen eindrucksvoll davon überzeugen, dass wir über bestimmte Kompetenzen verfügen.** Für die Kompetenzbeurteilung der Kanzlei sind die gewonnenen Fälle entscheidender als die nicht gewonnenen. Fehler und Schwächen sind in Ordnung und müssen nicht versteckt werden – wichtiger für die Beurteilung unserer Kompetenzen ist es, dort sichtbar zu werden, wo wir exzellent sind.

Um Vertrauen zu entwickeln, sollten wir uns als Unternehmen also fragen, welche Fähigkeiten wir dazu in den Augen unserer Kund:innen brauchen. Diese Fähigkeiten gilt es zu entwickeln und durch eindeutige sowie positive Kompetenz-Signale erkennbar zu machen. Darüber hinaus lohnt es sich, die Situationen, in denen Kund:innen unsere Kompetenzen bewerten, dahingehend zu analysieren, welche Informationen besonders prägnant sind und mit welchen Fähigkeiten (und Unfähigkeiten) diese assoziiert sein könnten.

Reflexion: Wie schaffen wir Vertrauen durch Fähigkeit?

3 Mögliche Heuristiken

Was sind mögliche Vereinfachungen?

Welche Heuristiken könnten unsere Kund:innen zur Beurteilung unserer Kompetenzen verwenden? Wie könnten wir die Wahrnehmung unserer Kompetenz durch diese Heuristiken verbessern? (z. B. durch die Stärkung positiver Assoziationen)

1 Kernkompetenzen

Welche Fähigkeiten brauchen wir?

Welche Fähigkeiten brauchen wir aus Sicht unserer Kund:innen, damit sie uns vertrauen können? (z. B. in den Bereichen Technologie, Produkte, Personal)

Vertrauen braucht Fähigkeit. Um fähigkeitsbasiertes Vertrauen zu entwickeln, sollten wir uns zunächst fragen, welche spezifischen Fähigkeiten unsere Kund:innen von uns erwarten. Das hängt stark davon ab, worin sie uns vertrauen können sollen. Auf der Basis gilt es dann sicherzustellen, dass der Eindruck dieser Kompetenzen bei unseren Kund:innen entstehen kann. Hierzu sollten wir ein Verständnis aufbauen, **welche Heuristiken Kund:innen für die Beurteilung der relevanten Fähigkeiten** verwenden könnten.

2 Auffällige Eigenschaften

Womit werden wir assoziiert?

Welche unserer peripheren Eigenschaften sind für unsere Kund:innen besonders prägnant und entsprechend einfach zu beurteilen? (z. B. besonders auffällige Merkmale, immer wieder kehrende Interaktionen)

BULLS
23

Kapitel 9:
Ich kann es immer wieder |
Kontinuität

Du kannst mir dann vertrauen, wenn ich es immer wieder kann.

Michael Jordan ist der wohl großartigste Basketballspieler aller Zeiten. Er war 14 Mal NBA-Allstar, gewann sechsmal das NBA-Championship, wurde fünfmal als der wertvollste Spieler der NBA ausgezeichnet und im Jahr 1999 von der ESPN als der Sportler des Jahrhunderts gekürt. Er ist bis heute ein Weltstar und trug maßgeblich zur heute internationalen Beliebtheit der NBA bei.[71] Was aber machte Michael Jordan so einzigartig? Jordans Leistung auf dem Platz war herausragend und das in jeder Hinsicht – technisch, taktisch, physisch und mental. Einzigartig machte Michael Jordan aber etwas anderes. Michael Jordan machte als Spieler aus, dass er diese Leistung immer und immer wieder abrufen konnte. Jordan lieferte. Und zwar Spiel um Spiel, Saison um Saison. Er trat jedes Spiel an, um zu gewinnen, und er machte jedes einzige Spiel zur Show – immer und immer wieder. In den Worten des NBA-Trainers Roy Williams war Jordan „der einzige Spieler, der es jederzeit an- und ausknipsen konnte. Und er knipste es einfach kein verdammtes Mal aus."[72]

Michael Jordan war ein Meister der Kontinuität. Und so gewann er das Vertrauen einer immer weiter wachsenden Anzahl an Menschen: Trainer, Mitspieler, Sponsoring-Partner, Fans. Wir alle konnten uns darauf verlassen, dass Jordan auch im nächsten Spiel wieder 100 Prozent liefern würde. Ganz einfach deshalb, weil er es jedes Mal tat. Im letzten Kapitel haben wir über Fähigkeit gesprochen. Fähigkeit bedeutet, zu etwas in der Lage zu sein. In diesem Kapitel geht es um Kontinuität. Kontinuität bedeutet, eine Leistung über die Zeit hinweg immer wieder zu erbringen.[73] Sowohl Fähigkeit als auch Kontinuität stärken als Vertrauensmechanismen die Vertrauensachse des *Könnens*. Um vertrauenswürdig zu sein, reicht das Eine ohne das Andere nicht aus: Die schnellste und angenehmste Zugverbindung beeindruckt uns wenig, wenn sie ständig ausfällt. Und genauso wenig taugt die pünktlichste und stabilste Zugverbindung, wenn sie langsam und unangenehm ist. **Für Vertrauen braucht es also unbedingt beides: Fähigkeit und Kontinuität. Damit man uns als Unternehmen in einer**

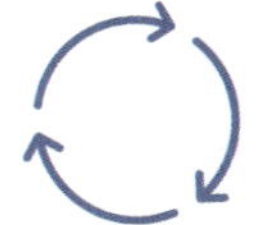

Sache vertrauen kann, müssen wir zu dieser Sache in der Lage sein. Und das nicht nur ab und an, sondern möglichst verlässlich immer und immer wieder.

Kontinuität leuchtet als Vertrauensmechanismus ein: Wie könnten wir das zukünftige Verhalten unserer Mitmenschen einschätzen, wenn nicht zumindest ein Mindestmaß an Regelmäßigkeit gegeben wäre? Nur wenn das vergangene Verhalten ein konsistentes Muster zeigt, taugt es für eine Vorhersage. Und nur wenn auch unser zukünftiges Verhalten konsistent mit vergangenem ist, ist die Vorhersage brauchbar. Kontinuität ist deshalb so vertrauensbildend, weil wir annehmen können, dass Menschen, die sich in der Vergangenheit immer ähnlich verhalten haben, sich auch in der Zukunft weiter so verhalten werden.[74] Eine Prognose über die Performance von Michael Jordan im nächsten Spiel war deutlich einfacher als die von Spielern mit guten und schlechten Tagen.

Kontinuität in der Formulierung von Versprechen: Viel hilft viel.

Die vertrauensbildende Wirkung von Kontinuität beginnt allerdings nicht erst beim Einhalten von Versprechen, sondern bereits bei deren Formulierung. Denn: Wenn Versprechen kontinuierlich immer wieder auf ähnliche Weise dargeboten werden, steigt tendenziell deren Glaubwürdigkeit. Der sogenannte Mere Exposure Effect – also der Effekt der bloßen Darstellung – ist einer der robustesten Effekte der Psychologie.[75] Der Effekt geht auf den Stanford-Psychologen Robert Zajonc zurück. In einer seiner ersten Laborstudien zum Phänomen der bloßen Darstellung präsentierte er seinen Proband:innen verschiedene chinesische Schriftzeichen. Dass er dabei einige Zeichen deutlich häufiger präsentierte als andere, hatte einen beachtlichen Effekt: Als die Proband:innen später raten sollten, welche Bedeutung die verschiedenen Zeichen haben könnten, wiesen sie den chinesischen Schriftzeichen, die sie häufiger gesehen hatten, insgesamt positivere Bedeutung zu als anderen Zeichen, die sie seltener gesehen hatten.

Je häufiger wir eine Information wahrnehmen, desto besser gefällt sie uns – und desto eher halten wir sie für plausibel oder glaubhaft.[76] **Versprechen, die häufig wiederholt werden, werden eher geglaubt.** Und das gilt auch für die Wertversprechen von Produkten und Unternehmen: Dass bestimmte Weißbiere (im Bauchnabel) prickeln und gewisse Autos beim Fahren Freude machen, haben wir ausreichend oft gehört, um es schließlich zu glauben.[77] Wenn wir als Unternehmen also kontinuierlich immer wieder dieselben Versprechen äußern, werden diese tendenziell eher geglaubt. Kontinuität in der Kommunikation von Leistungsversprechen kann helfen, die Glaubwürdigkeit der Versprechen zu steigern.

Die Erklärung des Effekts wird in der Verarbeitungsflüssigkeit vermutet: Die Verarbeitung von neuen Informationen ist für uns kognitiv anstrengender als die Verarbeitung von bekannten Informationen, die wir bereits häufig in sehr ähnlicher Weise wahrgenommen haben. Wenn wir nun einer Information begegnen, die uns bereits bekannt ist, interpretieren wir die daraus resultierende kognitive Leichtigkeit häufig als Zeichen dafür, dass die Botschaft gut, plausibel oder glaubhaft sein muss. Bei der Formulierung von Versprechen gilt also die altbewährte Methode: Viel hilft viel. Überzeugung durch Wiederholung. Endlos stei-

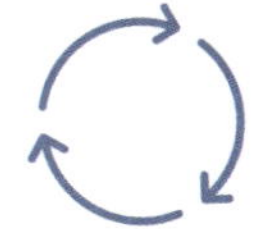

gern lässt sich der Effekt durch eine immer weiter erhöhte Frequenz an Wiederholungen aber nicht. Es gibt durchaus einen Punkt X, an dem sich die Beurteilung durch weitere Wiederholungen kaum mehr verbessert. Wann dieser Punkt eintritt, ist dabei je nach Situation sehr unterschiedlich und muss bei der Kommunikation von Versprechen durch Ausprobieren herausgefunden werden. Effektive Kommunikation von Versprechen hilft uns als Unternehmen, von Kund:innen eine Chance zu bekommen, um dann das zu tun, was für die Vertrauensbildung grundlegend ist: Die formulierten Versprechen dann auch zu erfüllen. Und zwar immer und immer wieder. Denn am Ende kommt es viel weniger darauf an, was wir als Unternehmen versprechen, als darauf, was wir tun.

Kontinuität im Einhalten von Versprechen: Der Michael Jordan-Effekt.

Wenn wir es als Unternehmen schaffen, nach dem Vorbild Michael Jordans Kontinuität zu zeigen, macht uns das in den Augen unserer Kund:innen verlässlicher und damit vertrauenswürdiger. **Das ist der *Michael Jordan-Effekt*. Tag für Tag die Leistung zu erbringen, die wir unseren Kund:innen versprochen haben. Tag für Tag unsere Versprechen halten.** Viele der Unternehmen, die von Kund:innen besonders viel Vertrauen bekommen, schaffen es, sich mit ihrem Wertangeboten fest im Alltag ihrer Kund:innen zu verankern und Tag für Tag kontinuierlich zu liefern. Der *Brand Experience + Trust Monitor*[78] ist eine jährliche Erhebung zur Ermittlung des Kund:innenvertrauens in die geläufigsten Marken. Für das Jahr 2021 wurden die folgenden Top-10 Marken mit dem größten Kund:innenvertrauen ausgezeichnet: dm (Platz 1), Miele, Paypal, Rossmann, Samsung, Nivea, Edeka, Aldi, Siemens und Lidl (Platz 10). Die Liste ist divers, hat aber mit dem Vertrauensmechanismus Kontinuität mindestens einen gemeinsamen Nenner. All diese Unternehmen haben sich mit ihren Wertangeboten fest im Alltag ihrer Kund:innen verankert und sie schaffen es in der Regel, ihre Versprechen täglich immer wieder zu erfüllen. DM, Rossmann, Edeka, Aldi und Lidl versorgen uns als lokale Händler in der Nachbarschaft mit den Artikeln des täglichen Bedarfs. Die Geräte von

Miele, Samsung und Siemens stehen in unseren Wohnungen und reinigen etwa Tag für Tag immer wieder unsere Kleidung und unser Geschirr. Die Marke Nivea ist mit ihren Produkten fester Bestandteil der Morgen- und Abendroutine in unseren Badezimmern. Paypal taucht mittlerweile in fast jedem Onlineshop auf und ermöglicht so über viele Shops hinweg immer wieder den gleichen, vertrauten Check-out.

Abhängig von Produkt und Geschäftsmodell, ist es für Unternehmen unterschiedlich schwer, mit ihrem Wertangebot auf diese Weise täglich wiederkehrend positiv im Alltag der Kund:innen in Erscheinung zu treten. **Für Unternehmen, deren Angebote seltener genutzt werden und die weniger häufig mit ihren Kund:innen in Kontakt stehen, kann die Entwicklung von Kontinuität deutlich schwieriger sein.** Denken wir etwa an Versicherungen, die abgesehen von monatlichen oder jährlichen Zahlungen nur im Schadenfall und damit sehr selten in Erscheinung treten. Oder an Stromanbieter, die zwar täglich Strom liefern, was aber von ihren Kund:innen im Alltag kaum als Interaktion mit dem Unternehmen wahrgenommen wird. Diese Unternehmen kämpfen im Vertrauens-Spiel unter erschwerten Bedingungen und sollten umso mehr auf eine exzellente Kund:innenerfahrung in jeder einzelnen Interaktion achten.

Der hohe Preis gebrochener Versprechen beim Marshmallow-Test

Der sogenannte Marshmallow-Test ist eines der bekanntesten psychologischen Paradigmen überhaupt. Sicherlich hast du bereits Aufnahmen der folgenden Szene gesehen: Kinder, typischerweise im Alter zwischen vier und sechs Jahren, bekommen ein Marshmallow gemeinsam mit dem folgenden Angebot: Entweder sie essen das Marshmallow sofort – oder sie warten stattdessen einige Minuten bis die Versuchsleiter:in zurückkehrt und bekommen dann zwei Marshmallows. Die Kinder werden dann mit ihrem Marshmallow allein gelassen. Es folgen Szenen mit besonders hohem Unterhaltungswert, die vermutlich für die enorme Bekanntheit des Experiments verantwortlich sind: Die Kinder ringen und kämpfen unerbittlich mit sich selbst. Sie möchten unbedingt warten, um zwei Marshmallows zu bekommen. Aber genauso möchten sie auch unbedingt sofort das Marshmallow

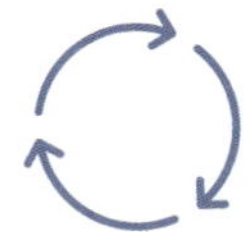

essen, das vor ihnen liegt. Typischerweise beginnen die Kinder, am Marshmallow zu riechen oder zu lecken. Oder sie verstecken das Marshmallow und versuchen sich abzulenken. Im Durchschnitt schaffen es etwa zwei Drittel der Kinder, abzuwarten. Ein Drittel schafft das nicht und isst das Marshmallow bereits, bevor die Versuchsleiter:in zurückkommt.

Das Experiment wurde in den 60er Jahren vom Psychologen und Columbia-University Professor Walter Mischel durchgeführt, um die Auswirkungen der Fähigkeit für Belohnungsaufschub und Selbstregulation in frühen Lebensjahren auf späteren Lebenserfolg zu untersuchen. Mischel zeigte in seinen Studien, dass Kinder, die auf das zweite Marshmallow warten konnten, später tendenziell bessere Schüler:innen waren und schließlich als Erwachsene erfolgreicher waren, mehr Geld verdienten und seltener geschieden wurden.[79]

Primär wurde der Marshmallow-Test durchgeführt, um einige positive Auswirkungen von früher Selbstregulation zu untersuchen. Und ganz nebenbei liefert der Marshmallow-Test anschauliche Erkenntnisse über das Verhältnis zwischen Versprechen und Vertrauen. Denn letztendlich handelt es sich beim Marshmallow-Test auch um einen Vertrauenstest: Kinder, die auf die Versuchsleiter:in warten, vertrauen darauf, dass sie tatsächlich zurückkommt. Also tatsächlich ihr Versprechen hält und ein zweites Marshmallow mitbringt. Die Zuversicht darin ist so groß, dass die Kinder den schmerzlichen Verzicht auf das bereits bekommene Marshmallow in Kauf nehmen. Man kann sich die Enttäuschung der Kinder bildlich vorstellen, wenn sie es schaffen würden, auf die Versuchsleiter:in zu warten, aber dann doch kein zweites Marshmallow bekämen.

Was wäre nun, wenn die Versuchsleiter:in gegenüber den Kindern ein Versprechen bricht? Würden die Kinder dann in der Folge noch genauso lange auf das Marshmallow warten? Genau das wurde viele Jahre nach den ersten Untersuchungen Mischels in einer Erweiterung des Marshmallow-Tests untersucht: Vor dem Test versprachen die Versuchsleiter:innen den Kindern, dass sie ihnen schöne, neue Buntstifte zum Malen mitbringen würden. Tatsächlich hielten sie sich dann aber nur bei einem Teil der Kinder an ihr Versprechen. Diese Kinder bekamen wie versprochen die schönen neuen Buntstifte zum Malen. Beim anderen Teil der Kinder hielten sich die Versuchsleiter:innen aber nicht an ihr Versprechen: Anstatt der versprochenen neuen Buntstifte erhielten sie nur sehr alte und hässliche Stifte zum Malen. Im Anschluss wurde der Marshmallow-Test mit allen Kindern durchgeführt – mit sowohl erwartbarem als auch drastischem Ergebnis: Die Kinder, die vorher wie versprochen schöne Buntstifte bekommen hatten, warteten im Durchschnitt zwölf Minuten, bis sie ihr Marshmallow verzehrten. Die Kinder, die vorher – entgegen des Versprechens – nur hässliche Stifte bekommen hatten, warteten im Durchschnitt nicht länger als zwei Minuten.[80] **Ein einziges gebrochenes Versprechen reichte also aus, um das Vertrauen der Kinder zu verlieren und das Verhalten der Kinder dramatisch zu verändern.** Die Zeit, welche die Kinder bereit waren, auf die Versuchsleiterin zu warten, verringerte sich durch den Vertrauensbruch um stolze 83 %.

Das Verhalten der enttäuschten Kinder ist nachvollziehbar. Warum sollten sie auf das versprochene zweite Marshmallow warten, wenn sie vorher erleben mussten, dass ein ganz ähnliches Versprechen gebrochen wurde? Anstatt Risiken in Kauf zu nehmen, entschieden sie sich in der Folge für den sicheren Spatz in der Hand. Für die Option ohne Notwendigkeit für Vertrauen also. Nur die Kinder, die erleben durften, dass Versprechen gehalten werden, gehen in der Folge für ein zweites Marshmallow ins Risiko – nur sie begegnen weiteren Versprechen mit Vertrauen. So nachvollziehbar das Verhalten der Kinder ist, so drastisch zeigt es die dramatische Auswirkung gebrochener Versprechen. Und klar ist: Als Unternehmen sind wir unbedingt darauf angewiesen, dass Kund:innen an unsere Versprechen glauben und unseren Wertangeboten eine Chance geben. Als Unternehmen müssen wir uns also fragen, welche Versprechen wir unseren Kund:innen geben – und alles dafür tun, um diese kontinuierlich zu erfüllen. **Denn der Preis für gebrochene Versprechen ist hoch – und gezahlt wird spätestens in der nächsten Interaktion mit der jeweiligen Kund:in.**

Kontinuität braucht es über die gesamte Customer Journey.

Dass sich Enttäuschungen in einer Interaktion unmittelbar auf das Vertrauen in der nächsten Interaktion auswirken können, bedeutet für Unternehmen auch, dass die Kontinuität der Kund:innenerfahrung entlang von ganzen Customer Journeys, also über alle Interaktionspunkte mit Kund:innen hinweg, betrachtet werden muss. Also angefangen mit der Situation, in der Kund:innen zum ersten Mal von unserem Angebot hören, wenn sie sich über uns informieren, wenn sie sich zum Kauf entscheiden, unsere Produkte nutzen, nach einer Lösung für ein Problem suchen, bis sie schließlich kündigen oder das Produkt entsorgen. Wenn wir als Unternehmen Kund:innen in einer dieser Situationen enttäuschen, werden sie sich in der nächsten Situation genauso verhalten, wie im Marshmallow-Test diejenigen Kinder, die nur hässliche Stifte bekommen hatten: **Sie werden uns keine Chance mehr geben. Sie werden uns nicht mehr vertrauen. Vertrauensbrüche zugunsten der Unternehmens-Performance in einem Touchpoint zerstören also das Potenzial für Kooperation in den nächsten Kontaktpunkten.**

Die Kontinuität der Kund:innenerfahrung über alle Interaktionspunkte hinweg ist damit sowohl für die Kund:innenzufriedenheit als auch für deren Loyalität wichtiger als einzelne Interaktionspunkte für sich genommen.[81] Entsprechend sollten wir als Unternehmen die Kund:innenerfahrung ganzheitlich betrachten und eine kontinuierlich positive Erfahrung über alle Interaktionspunkte hinweg sicherstellen. Aus Kund:innensicht ist die Notwendigkeit für Kontinuität entlang ganzer Customer Journeys fast schon trivial: Natürlich wollen Kund:innen, wenn sie sich online über ein Auto informieren und dann für eine Probefahrt ins Autohaus gehen, nicht mit völlig unterschiedlichen Botschaften, Versprechen und Vorschlägen konfrontiert werden. Dass genau das aber häufig passiert, liegt daran, dass die einzelnen Interaktionen aus Unternehmenssicht häufig gar nicht so viel miteinander zu tun haben. Die Kund:in spricht mit teilweise konsequent voneinander getrennten Abteilungen, Geschäftsbereichen oder sogar mit unterschiedlichen rechtlichen Organisationen. Und so entstehen für Kund:innen in den einzelnen Phasen häufig Erlebnisse, die kaum etwas miteinander zu tun haben. Die konzernweite Marketing-Abteilung setzt also das neue Elektroauto online visionär als das Mobilitätskonzept der Zukunft in Szene. Der selbstständige Autohändler vor Ort kann

seine Skepsis aber kaum verbergen und empfiehlt weiterhin seine Diesel-Alternativen. Ganzheitliche Kontinuität können Unternehmen nur dann erreichen, wenn sie sich intern neu verdrahten und Teams aufstellen, die für gesamtheitliche Journeys verantwortlich sind – von Beginn bis zum Ende – und über die klassischen Unternehmensfunktionen hinweg. Zudem braucht es über die Unternehmensfunktionen hinweg gemeinsame Ziele sowie Metriken und Tools, um die Zielerreichung über ganze Journeys hinweg zu messen.[82]

Vertrauenswürdigkeit entsteht durch Kontinuität im Formulieren und Halten von Versprechen. Je klarer und konsistenter wir als Unternehmen unsere Versprechen formulieren, desto eher geben uns Kund:innen die Chance, unsere Versprechen zu halten. Explizite Qualitätsstandards können helfen, diese Kontinuität herzustellen. Durch kontinuierliches Halten unserer Versprechen – möglichst über alle Kund:inneninteraktionen hinweg – lässt sich das Kund:innenvertrauen dann nachhaltig entwickeln.

Reflexion: Wie schaffen wir Vertrauen durch Kontinuität?

1 Kontaktpunkte

Was erleben Kund:innen?

Wie erleben Kund:innen die Interaktion mit uns als Unternehmen? (z. B. Werbemittel, Website-Besuch, Kauf, Produktnutzung, Hotline, Beschwerde, Weiterempfehlung)

2 Versprechen

Was versprechen wir?

Welche Versprechen geben wir unseren Kund:innen? An welchen Stellen wiederholen wir sie? Was genau versprechen wir implizit und explizit? Wo gibt es Widersprüche? (z. B. Service, Produktqualität, Haltung, Werte)

3 Leistungen

Was halten wir?

Wann halten wir die gemachten Versprechen? An welchen Stellen wiederholen wir das? Wie leicht ist das Halten der Versprechen für Kund:innen erkennbar? Wo könnten Enttäuschungen entstehen? (z. B. Service, Produktqualität, Medien)

Vertrauenswürdigkeit entsteht durch Kontinuität im Formulieren und Halten von Versprechen – und zwar entlang aller Kontaktpunkte, die Kund:innen mit uns als Unternehmen haben. Um uns ein Bild darüber zu machen, wie es mit der Kontinuität entlang der wichtigsten Customer Journeys aussieht, lohnt es sich, diese zu skizzieren. Kontaktpunkte, in denen die Erwartungen von Kund:innen enttäuscht werden, gilt es zu verbessern.

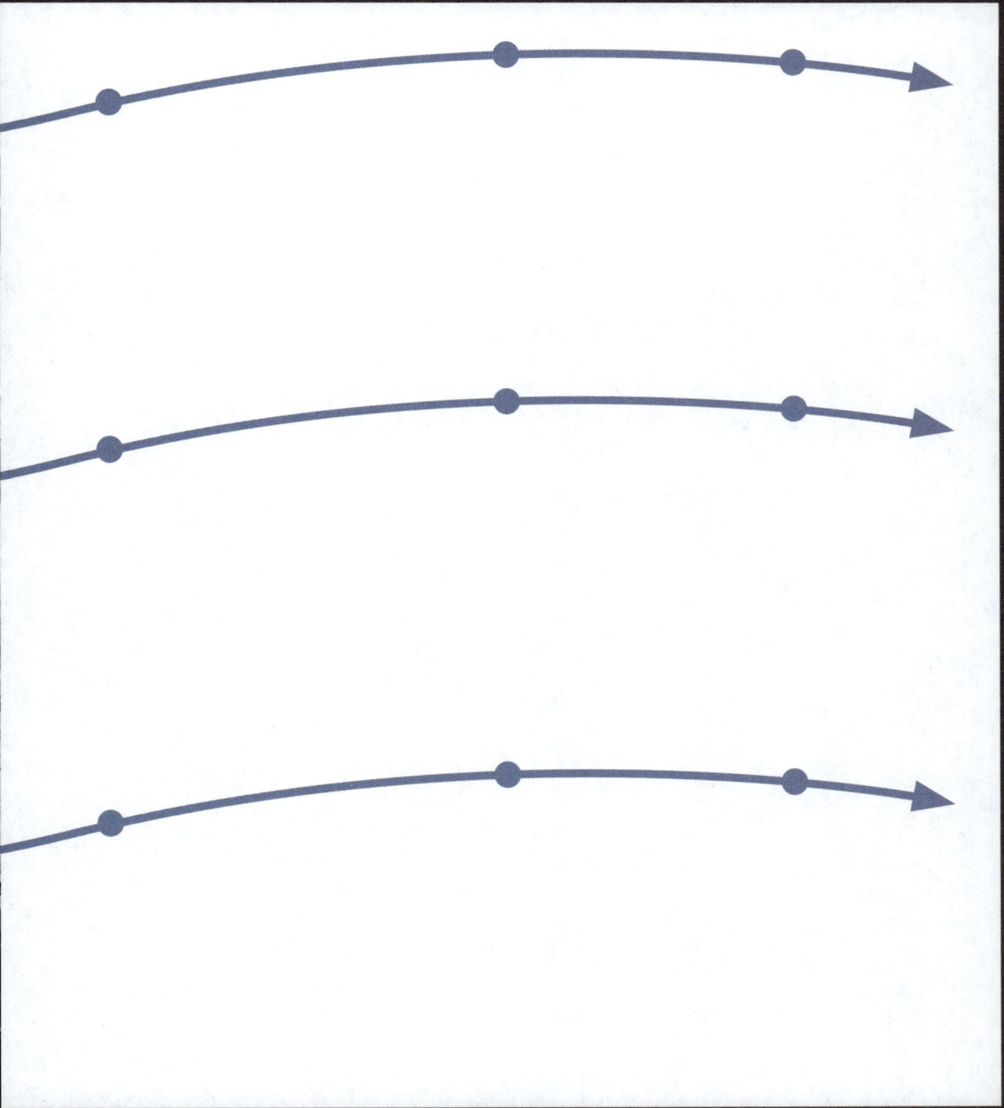

Vierter Teil: Einschätzen

Vertrauen erfordert, sich gegenseitig gut einschätzen zu können.

In den vorherigen zwei Teilen haben wir die ersten beiden Achsen des Vertrauens-Dreiecks besprochen, mit denen wir an der Entwicklung von Vertrauen arbeiten können: *Wollen* und *Können*. Wenn wir als Unternehmen für Kund:innen das Richtige wollen und es dann auch noch umsetzen können, kann Vertrauen zwischen uns und unseren Kund:innen entstehen. Die Wahrheit ist: Nicht unbedingt. Es reicht nämlich noch nicht, dass wir das Richtige wollen und können – entscheidend ist, dass unsere Vertrauenswürdigkeit auch erkannt wird. Dass das nicht immer gelingt, ist der Stoff, aus dem die Geschichten unserer Lieblingsbücher und -filme gemacht sind: Die Held:in scheitert fast in ihrer dramatischen Mission – und das, obwohl sie sowohl die besten Absichten als auch die notwendigen Fähigkeiten hat. Aber sie selbst oder andere können das nicht erkennen. Erst am Ende der Geschichte erkennen wir alle, was uns vorher nicht zugänglich war. Zum Happy End sehen alle klar, dass die Held:in das Richtige will und es auch kann – und schließlich ist es also möglich: Das Vertrauen.

Einschätzen ist die dritte Achse des Vertrauensdreiecks. Neben Wollen und Können ist Einschätzen die dritte Voraussetzung für die Entstehung von Vertrauen. **Wir sind nur dann vertrauenswürdig, wenn das für andere auch erkennbar wird.** Je leichter es für andere ist, uns hinsichtlich unseres Wollens und Könnens einzuschätzen, desto eher können sie uns vertrauen. Wenn wir als VertrauensArchitekt:innen auf Situationen blicken, fragen wir uns demnach insbesondere auch, wie einfach oder schwer es für die beteiligten Personen ist, sich gegenseitig bzw. andere Personen, Organisationen oder Technologien einzuschätzen. Wie leicht wir uns gegenseitig einschätzen können, ist im Wesentlichen von drei weiteren Vertrauensmechanismen abhängig, die wir zur Entwicklung von Vertrauenssituationen einsetzen können. Um mich einschätzen zu können, helfen dir drei Bedingungen. Erstens: Du kennst mich bereits und du konntest demnach Erfahrungen zu meiner Vertrauenswürdigkeit sammeln. Zweitens: Andere kennen mich bereits und berichten dir von meiner Vertrauenswürdigkeit. Und drittens: Die Situation selbst ist für dich sehr eindeutig und du kommst entsprechend leicht zu einem Urteil. Die Vertrauensmechanismen, die uns helfen, uns gegenseitig gut einschätzen zu können – und die wir in diesem Teil des Buchs besprechen, lauten: Erfahrung, Reputation und Klarheit.

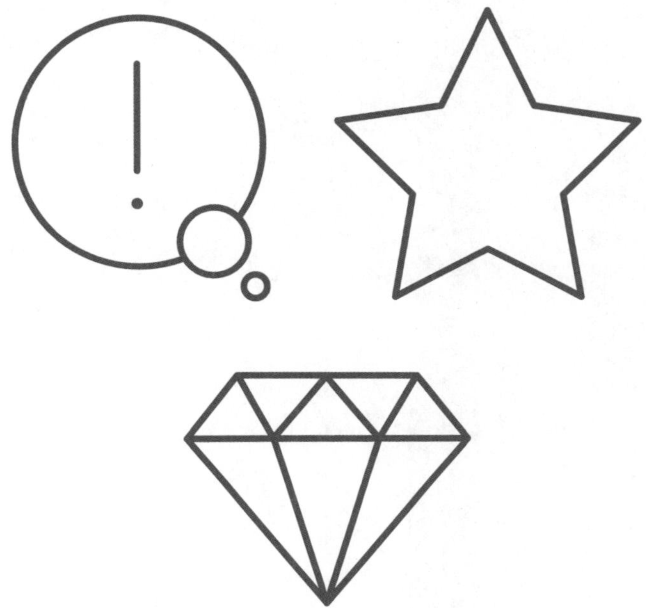

Kapitel 10:
Wir kennen uns |
Erfahrung

Du kannst mir dann vertrauen, wenn du mich kennst.

Im ersten Kapitel dieses Buchs haben wir uns dem Konstrukt Vertrauen angenähert, indem ich dir ein Angebot gemacht habe: Für 5 Euro wollte ich dein Auto waschen. Wir haben festgestellt, dass unser Deal nur stattfinden kann, wenn du mir vertraust. Und wir haben nachempfunden, dass das gar nicht so einfach ist. Denn Vertrauen heißt, sich verletzlich zu machen. Es könnte sein, dass du weder dein Geld noch dein Auto jemals wieder siehst. Eine Sache hatte ich vergessen, zu erwähnen: Leider habe ich keine Zeit, dein Auto zu waschen. Aber das macht nichts: Einer meiner Cousins übernimmt den Job. Er holt das Auto bei dir ab und bringt es dir dann gewaschen wieder. Stimmst du unserem Deal weiterhin zu? Vermutlich fällt es dir jetzt noch schwerer, Vertrauen zu finden. Denn meinen Cousin kennst du noch weniger als mich. Wenn wir mit Personen, Produkten, Technologien oder Organisationen bereits Erfahrungen sammeln konnten, hilft uns das, sie hinsichtlich ihrer Vertrauenswürdigkeit zu beurteilen. Es fällt uns dann leichter, ihnen zu vertrauen. Andersherum hat es Vertrauen schwer, wenn wir uns bisher noch nie begegnet sind.

Erfahrung ist der achte Vertrauensmechanismus, den wir für die Entwicklung von Vertrauenssituationen einsetzen können. Wenn wir als VertrauensArchitekt:innen auf Situationen blicken, fragen wir uns entsprechend, inwiefern sich die beteiligten Personen bereits kennen oder ob sie bereits Erfahrung mit den Produkten, Technologien oder Organisationen machen konnten, zu denen Vertrauen entstehen soll. Darüber hinaus können wir uns fragen, wie wir es Kund:innen ermöglichen können, die für Vertrauen notwendigen Erfahrungen zu sammeln. Um es dir zu erleichtern, meinem Cousin zu vertrauen, hätte ich dir einige Informationen zu ihm geben – oder ein kurzes Gespräch zum Kennenlernen vorschlagen können.

Der erste Schritt muss leichter werden.

Von allen Möglichkeiten, die wir im Leben grundsätzlich haben, ist der Erfahrungssieger in der Regel immer der Status quo. **So wie es jetzt ist, kennen wir es am besten. Entsprechend tendieren Menschen grundsätzlich dazu, das Altbewährte beizubehalten.** Eine der klassischen Untersuchungen, die den sogenannten Status quo-Bias veranschaulicht, war eine Befragung der Elektrizitäts-Kund:innen in Kalifornien im Jahr 1991. Hinsichtlich ihrer Stromversorgung unterschied sich die Situation der befragten Personen gewaltig. In einigen Gegenden war das Netz sehr instabil und von häufigen Stromausfällen geprägt. Dafür waren die Strompreise in diesen Gegenden recht niedrig. In anderen Gegenden hingegen war das Stromnetz deutlich stabiler, die Strompreise dafür aber auch höher. Die Stromkund:innen wurden nun nach ihrer Präferenz für die Stabilität und den Preis des Stromnetzes befragt. Dabei wurde ihnen gesagt, dass ihre Antworten genutzt würden, um die zukünftige Ausrichtung der Elektrizitätsversorgung festzulegen. Das Ergebnis der Befragung war beachtlich: In den stabilen, aber teuren Gegenden wollten nur 5,7 Prozent auf Stabilität zugunsten eines niedrigeren Preises verzichten. In den günstigen aber instabilen Gegenden wollten nur 5,8 Prozent mehr Stabilität zu einem höheren Preis. So unterschiedlich der Status quo der befragten Personen also war – so gleich fiel ihre Präferenz in der Befragung aus: Fast alle wollten ganz einfach, dass sich für sie nichts verändert.[83]

Mit dieser menschlichen Präferenz für das Bestehende kämpfen sowohl Start-Ups als auch etablierte Unternehmen. Insbesondere dann, wenn wir innovative Lösungen anbieten. In der Regel erfordert Innovation nämlich, dass unsere Kund:innen irgendwann etwas ganz Neues zum ersten Mal ausprobieren. Also: Zum ersten Mal ein Depot eröffnen, zum ersten Mal den neuen Lieferservice ausprobieren oder zum ersten Mal den Telefonvertrag nicht in der Filiale, sondern online verlängern. Dass neue Angebote oder Kommunikationskanäle von Kund:innen angenommen werden, ist dabei alles andere als trivial – denn es fehlt ihnen mit den neuen Alternativen schlichtweg an Erfahrung. Wie sollten sie unseren Vorschlag einschätzen können, wenn sie keinerlei Erfahrung damit haben? Im Gegensatz dazu haben sie mit den Unternehmen, Produkten und Kommunikationskanälen, die sie bereits nutzen, weitreichende Erfahrungen.

Was können wir also tun, um Kund:innen den Sprung ins Unbekannte zu erleichtern? **Eine effektive Strategie kann es sein, die Hürden für die ersten Interaktionen mit uns möglichst niedrig zu halten – etwa durch besonders günstige Einstiegsoptionen oder gar die Möglichkeit, unser Angebot kostenlos zu testen.** Das gibt Kund:innen die Möglichkeit, uns unter geringem Risiko und damit auch unter geringer Notwendigkeit für Vertrauen kennenzulernen. Studien zeigen, dass bereits kurze Gespräche dazu führen, dass sich Gesprächspartner:innen hinsichtlich ihrer Vertrauenswürdigkeit jeweils besser einschätzen können.[84] Damit Kund:innen uns als Unternehmen sowie unsere Angebote gut einschätzen können, braucht es eine gewisse Mindestmenge an Interaktion mit uns. Sie müssen erfahren können, wie wir uns ihnen gegenüber verhalten – und das möglichst in der Domäne, in der wir uns ihr Vertrauen wünschen. Uns als Unternehmen gibt die risikofreie Kooperation die Möglichkeit, unsere Vertrauenswürdigkeit unter Beweis zu stellen.[85] Kund:innen können so die Erfahrung machen, die sie benötigen, um mit uns im nächsten Schritt eine echte Vertrauensbeziehung einzugehen – also beispielsweise unsere hochpreisigen Angebote zu nutzen. So können sich Interaktionen mit Sicherheitsnetz zu echten Beziehungen entwickeln.[86]

Das Prinzip der California Sushi Roll

Neben dem erleichterten Aufbau erster Erfahrungen, gibt es eine zweite Möglichkeit, um den Teufelskreis aus fehlender Erfahrung und Misstrauen zu durchbrechen – und so erfahrungsbasiertes Vertrauen aufzubauen. Die Idee ist simpel und besteht schlichtweg darin, **das Neue mit dem bereits Bekannten zu verknüpfen.** Ein besonders anschauliches Beispiel dafür ist die Geschichte der California Sushi Roll. In den 1960er Jahren tauchten in den USA die ersten Sushi-Restaurants auf. Ihr Angebot kann man aus US-Sicht als radikale Innovation für das damalige kulinarische Angebot verstehen: Roher Fisch galt als gefährlich. Und auch sonst glich die Speise nichts, was Amerikaner:innen zu der Zeit für gesund oder lecker hielten. Kalter Reis sprach sie ebenso wenig an wie Seetang. Entsprechend zurückhaltend war die Nachfrage. Zumindest bis zu dem Tag, an dem Ichiro Mashita, ein findiger Betreiber einer kleinen Sushi-Bar in Los Angeles, mit seiner Idee die Haltung der Amerikaner:innen zu Sushi für immer verändern sollte. Er beschloss,

die traditionelle Speise neu zu interpretieren – und zwar durch eine Kombination mit Zutaten, die den Amerikaner:innen bereits vertraut waren: Avocado, Krabbenfleisch und Gurke. Zudem verbannte er die für seine Gäste ungewohnten Zutaten in das Innere der Rollen. Außen gut sichtbar war nun nicht mehr grüner Seetang zu sehen, sondern das, womit seine Gäste bereits vertraut waren: Reis! Mashita gelang es so, das Neue geschickt mit dem zu verknüpfen, was seinen Kund:innen bereits vertraut war. Und sein Erfolg gab ihm recht: Die California Roll war für zahlreiche Amerikaner:innen das Einfallstor in die vielfältige Welt der japanischen Küche.[87]

Eine gewisse Verbindung mit dem bereits Bekannten kann also helfen, um Vertrauen in Neues zu ermöglichen. So können wir als VertrauensArchitekt:innen neue Angebote an die bereits bestehenden Erfahrungen unserer Kund:innen andocken. Das Prinzip der California Sushi Roll – also das Neue versteckt im Mantel des Altbekannten – lässt sich mit Blick auf gelungene Innovationen immer wieder beobachten: Ende 2020 war das in Europa meistverkaufte Elektroauto eines, das auf den ersten Blick gar nicht so neu aussieht: VW's ID.3.[88] Es handelt sich um ein 100 Prozent elektrisches und damit *innen* radikal neues Auto. Von *außen* aber sieht es vor allem aus wie ein seit Generationen vertrauter VW Golf. Scheinbar finden Konsument:innen leichter Vertrauen in eine neue Technologie, wenn zumindest deren Verpackung bereits bekannt ist. Genauso wie im Bereich der Automobilität, lassen sich derzeit auch in den Zügen, U-Bahnen und Bussen gravierende Veränderungen beobachten. Etwa in den Ohren der Passagiere: Kabellose Kopfhörer haben sich in den letzten Jahren verbreitet wie ein Flächenbrand. Dominiert wird der Markt sehr deutlich von der Firma Apple, die im Jahr 2020 weltweit mehr als 70 Prozent des Gesamtumsatzes für kabellose Kopfhörer für sich verbuchen konnte.[89] Bemerkenswerterweise könnte das Design von Apples AirPods nüchterner und konservativer nicht sein: Es hat sich seit der Einführung im Jahr 2016 optisch kaum verändert – und war bereits damals sehr deutlich an Apples klassische Kabel-Kopfhörer angelehnt. Neue Technologie also, nur im bekannten Design.

Auch im Design digitaler Produkte finden wir häufig ein ähnliches Prinzip, dessen bekanntester Befürworter wohl Steve Jobs selbst war. **Das Prinzip des Skeuomorphismus sieht vor, dass sich die Gestaltung neuer Innovationen an die Erscheinung bereits vertrauter Dinge anlehnt – und dies, ohne in der eigentlichen Funktion der Innovation begründet zu sein.** So gleichen beispielsweise Apples Taschenrechner- und Notiz-App optisch und funktional einem Taschenrechner bzw. Notizblock, wie wir sie aus der physischen Welt kennen.[90] Das Ergebnis ist dasselbe wie beim Prinzip der California Sushi Roll: Neues wird an Bekanntes angeknüpft – und erscheint dadurch vertrauenswürdiger. Für Innovator:innen und Change-Agent:innen kann es sich entsprechend lohnen, nach möglichen Konstanten zu fragen. Bei der Einführung einer neuen Dienstleistung könnte es ratsam sein, auf bewährte Kommunikationskanäle zu setzen. Und andersherum: Für die Akzeptanz einer neuen digitalisierten Dienstleistung könnte es helfen, die aus der physischen Welt bekannten Abläufe zunächst bei-

zubehalten – auch wenn sie in der digitalen Welt eigentlich nicht mehr notwendig wären. Für die Einführung einer neuen digitalen Sprechstunde kann es für Kund:innen etwa vertrauensfördernd sein, wenn aus der physischen Welt bekannte Abläufe, wie die Begrüßung durch die Sprechstundenhilfe oder das Wartezimmer, zunächst beibehalten werden. Gerade bei gravierenden Veränderungen kann es ein sinnvoller Weg sein, auch bewusst auf Konstanten zu achten.

Kund:innen können unsere Vertrauenswürdigkeit leichter einschätzen – und uns in der Folge leichter vertrauen, wenn sie bereits persönliche Erfahrungen mit uns machen konnten. Das stellt uns insbesondere dann vor Herausforderungen, wenn wir als Unternehmen oder mit unseren Angeboten neu sind. Hilfreich ist es dann, Kund:innen die erste Interaktion mit uns durch niedrigschwellige Angebote zu vereinfachen – oder an bereits bestehenden Erfahrungen anzuknüpfen.

Reflexion: Wie schaffen wir Vertrauen durch Erfahrung?

1

Bestehende Erfahrungen

Welche relevanten Erfahrungen sind vorhanden?

Welche relevanten Erfahrungen haben Kund:innen bereits mit uns gemacht? Wo haben Kund:innen bereits erlebt, dass wir unsere Versprechen halten? (z. B. Erfahrung mit unserem Produkt oder unseren Mitarbeiter:innen)

2

Assoziierte Erfahrungen

Welche ähnlichen Erfahrungen sind vorhanden?

An welche für Kund:innen ähnliche Erfahrungen können wir anknüpfen? (z. B. Erfahrung mit ähnlichen Produkten oder Mitarbeiter:innen ähnlicher Unternehmen)

3

Neue Erfahrungen

Welche neuen Erfahrungen braucht es?

Wie erleichtern wir es Kund:innen, neue Erfahrungen mit uns zu machen, die sie brauchen, um uns zu vertrauen? (z. B. indem sie unser Produkt ausprobieren können)

Um uns einschätzen und vertrauen zu können, hilft es, wenn unsere Kund:innen bereits über Erfahrung mit uns verfügen. Fehlt die Erfahrung, brauchen wir Ideen, wie wir an bereits bestehende Erfahrungen anknüpfen oder wie unsere Kund:innen risikoarm neue Erfahrung mit uns aufbauen können.

Kapitel 11: Andere kennen mich | Reputation

Du kannst mir dann vertrauen, wenn andere mich kennen.

Wann hast du zum letzten Mal bei einer fremden Person übernachtet, die du vorher noch nie getroffen hattest? Oder alternativ: Wann hast du zuletzt dein Gästezimmer oder deine Couch über Nacht einer fremden Person überlassen? Vermutlich ist beides lange her oder sogar noch gar nie geschehen. Übernachtungen gehören nicht unbedingt zu dem, was wir für gewöhnlich mit Fremden teilen. Allerdings: Die Wahrscheinlichkeit, dass ich falsch liege und du auf Reisen generell lieber bei Privatpersonen als im Hotel schläfst – oder auch selbst regelmäßig dein Zuhause für Fremde öffnest, ist in den letzten Jahren beachtlich gestiegen. Und das hat viel mit einem ganz bestimmten Unternehmen zu tun. Airbnb hat es geschafft, weltweit Vertrauen in private Gästezimmer zu bringen – und damit in einen Kontext, der kaum intimer oder verletzlicher sein könnte und in dem es vorher schlicht kaum Vertrauen gab. In den letzten 13 Jahren hat die Plattform mehr als 500 Millionen Übernachtungen von Fremden bei Fremden ermöglicht – und damit immense Mehrwerte geschaffen – sowohl für die häufig enthusiastischen Nutzer:innen, die eine neue Art der Gastfreundschaft erleben und vielfältige Menschen kennenlernen konnten – als auch für das Unternehmen selbst, das mittlerweile mehr als 100 Milliarden US-Dollar wert ist.[91]

Der Erfolg von Plattformen wie Airbnb hängt dabei maßgeblich davon ab, ob es gelingt, Vertrauen und damit Kooperation zwischen den Nutzer:innen zu ermöglichen. Damit Airbnb funktioniert, braucht es nicht unbedingt Vertrauen zwischen den Nutzer:innen und der Plattform selbst. Vielmehr muss es die Plattform ermöglichen, dass sich die Nutzer:innen untereinander vertrauen können. Wie aber konnte dieses neue Vertrauen unter den Nutzer:innen von Airbnb entstehen? Im letzten Kapitel erst haben wir festgestellt, dass eigene Erfahrungen für die Vertrauensbildung essenziell sind: *Wir können uns dann vertrauen, wenn wir uns kennen.* Gerade das ist unter Airbnb-Nutzer:innen in der Regel aber nicht gegeben. **Allerdings gibt es für die Vertrauensbildung eine effektive Alternative zur eigenen Erfahrung: Die Erfah-**

rung anderer. Um auf dieser Basis Vertrauen zwischen Reisenden und Gastgeber:innen zu ermöglichen, hat Airbnb ein Reputationssystem entwickelt, das innerhalb der Community systematisch Bewertungen einsammelt und den Nutzer:innen in dem Moment zur Verfügung stellt, in dem sie entscheiden, wo sie übernachten wollen oder wen sie zu sich nach Hause einladen. So können die Nutzer:innen ihre Vertrauensurteile auf die Erfahrungsberichte und Bewertungen anderer Nutzer:innen stützen. **Das Reputationssystem von Airbnb scheint so gut zu funktionieren, dass es sogar die menschliche Tendenz der Nutzer:innen aushebelt, vorzugsweise Personen zu vertrauen, die einem selbst ähnlich sind.** Zwar lässt sich auch bei Airbnb feststellen, dass Gastgeber:innen verstärkt Personen einladen, die ihnen selbst ähneln – etwa hinsichtlich ihres Alters, ihrem Bildungsstand und ihrer Hautfarbe. Allerdings: Sobald Personen, die den Gastgeber:innen nicht ähneln, einige Bewertungen gesammelt haben, werden diese tendenziell trotzdem häufiger eingeladen als Personen, die der Gastgeber:in ähnlich sind, aber keine Bewertungen haben. Online-Bewertungen sind also ein effektives Werkzeug, um die die urmenschliche Angst vor Fremdheit auszuhebeln.[92]

Reputation ist der neunte Vertrauensmechanismus, der uns für die Entwicklung von Vertrauen zur Verfügung steht. Du kannst mir nicht nur dann vertrauen, wenn du mich persönlich kennst – sondern auch dann, wenn andere mich kennen. Reputation und Vertrauen sind unterschiedliche Konstrukte, die aber eng miteinander zusammenhängen: **Reputation ist die allgemeine Bewertung durch andere.** Wenn wir als Person, Organisation oder auch als Produkt eine gute Reputation haben, bedeutet das also, durch eine gewisse Anzahl an Menschen grundsätzlich positiv bewertet worden zu sein. Aus Sicht einer einzelnen Person kann Reputation damit als das Vertrauen der anderen gesehen werden. Und diese Beurteilung durch andere ist für das eigene Vertrauenswürdigkeitsurteil eine besonders aussagekräftige Information. Hier zeigt sich wieder die selbstverstärkende Dynamik von Vertrauen: Vertrauen Vieler ist Reputation. Und worin viele Menschen vertrauen, beeinflusst das Vertrauen Einzelner.

Wir orientieren uns an denen, die es besser wissen, und an denen, die uns ähnlich sind.

Dass wir unsere Urteile ganz wesentlich auf soziale Informationen stützen, lässt sich täglich beobachten: Die lange Schlange vor der Eisdiele zeigt an, dass das Eis hier besonders gut sein muss. Beim Blick aus dem Fenster zeigen die Jacken der Leute, dass es draußen kalt sein muss. Das Lachen des Gegenübers zeigt, dass mir ein Witz gelungen ist. Oder eben auch: Dass andere Patient:innen dieser Chirurg:in vertrauen, andere Eltern dieser Babysitter:in oder andere Kund:innen diesem Unternehmen, zeigt uns deren Vertrauenswürdigkeit an. Wir leiten unsere Einschätzung und Beurteilung der Umwelt also häufig vom Verhalten anderer ab.[93] Der Psychologe Robert Cialdini beschreibt das Phänomen als Social Proof – also als sozialen Beweis.[94] **Wir bewerten das Verhalten anderer demnach häufig als Indiz für Realität**: Die Schlange vor der Eisdiele als Beweis also, dass das Eis gut ist. Die Winterjacken der Leute als Beweis, dass es draußen kalt ist. Sozialpsychologische Forschung zeigt dabei, dass wir uns insbesondere dann am Verhalten anderer orientieren, wenn wir uns mit unseren eigenen Urteilen und Entscheidungen besonders unsicher

sind – etwa, weil es uns an Erfahrung fehlt oder weil die Situation besonders komplex ist. Dann gehen wir implizit davon aus, dass andere besser urteilen können als wir selbst – und folgen ihrem Beispiel.[95]

Wenn wir uns mit unseren Vertrauensurteilen an anderen orientieren, verfolgen wir grundsätzlich zwei unterschiedliche Strategien: **Erstens schauen wir auf die Einschätzungen von Autoritäten, welche die Situation vielleicht besser einschätzen können als wir selbst – und zweitens auf die Erfahrungen von Peers, die uns ähnlich sind und womöglich bereits in derselben Situation waren**. Insbesondere überall dort, wo eine gewisse Wissensasymmetrie zwischen Konsument:innen und Expert:innen besteht, kann die Verfügbarkeit professioneller Einschätzungen und Empfehlungen helfen, die Vertrauenswürdigkeit von Produkten oder Unternehmen richtig einzuschätzen. Die Autorität für diese professionelle Einschätzungen kann dabei von einzelnen Expert:innen kommen – etwa von Ärzt:innen oder Finanzgurus – genauso aber auch von Institutionen wie dem ADAC oder der Stiftung Warentest. Immer häufiger verschiebt sich die Autorität für gute Einschätzungen zudem auch auf Technologien.[96] Beispielsweise wenn erfahrene Ärzt:innen hinsichtlich ihrer Diagnosen vermehrt mit DNA-Tests und Big-Data Statistiken konkurrieren – oder die Musik- und Filmempfehlungen unserer Freund:innen mit denen von Spotify und Netflix.

In vielen Bereichen scheinen die zunehmend aufgeklärten und selbstbewussten Kund:innen professionelle Bewertungen oder gar Beratungen durch Expert:innen immer weniger nachzufragen. Wichtiger als der Blick auf Autoritäten wird stattdessen der Blick auf andere Kund:innen: **Relevant ist immer weniger, was Expert:innen sagen und stattdessen immer mehr, wie sich die eigenen Peers in derselben Situation verhalten.** Bereits im Jahr 2006 konnten die Herausgeber:innen des jährlichen Edelman Trust Barometers zeigen, dass sich Konsument:innen vor allem an den Einschätzungen derer orientieren, die so sind, wie sie selbst.[97] Um ein Vertrauensurteil zu treffen, wollen Kund:innen also zunehmend wissen, wie sich andere Personen in derselben Situation entschieden haben – und welche Konsequenzen das für sie hatte. Je ähnlicher diese Personen zu uns und je ähnlicher ihre Situation zu unserer Situation, desto aussagekräftiger ihre Erfahrungen für das eigene Vertrauensurteil.[98]

Die helle und die dunkle Seite der Reputationssysteme

Dieser Nachfrage nach Erfahrungsberichten und Bewertungen der eigenen Peers begegnen Unternehmen im Internet vor allem durch Bewertungssysteme, die Nutzer:innenerfahrungen abfragen und anderen Nutzer:innen in relevanten Entscheidungssituationen anzeigen. Das Internet ist voll von Like-Buttons, Sterne-Bewertungen und Erfahrungsabfragen. Beispielsweise nutzte Ebay fast von Beginn an ein eigenes Bewertungssystem, um Vertrauensurteile zwischen privaten Käufer:innen und Verkäufer:innen zu ermöglichen. Ob das Gegenüber vertrauenswürdig ist, erkennen Käufer:innen und Verkäufer:innen an

der Grafik mit den 5 Sternen.[99] Und Untersuchungen zeigten schnell, dass die Nutzer:innen von Ebay eine höhere Zahlungsbereitschaft aufweisen, wenn die Transaktionspartner:in positive Bewertungen hat.[100] **Die helle Seite der Reputationssysteme ist, dass sie Nutzer:innen relevante Informationen bereitstellen können, um die Vertrauenswürdigkeit anderer Personen, Produkte und von Unternehmen besser einzuschätzen.** Weil soziale Informationen für die Urteilsbildung von Kund:innen besonders relevant sind, können Reputationssysteme für Unternehmen ein besonders starkes Vehikel zum Aufbau von Kund:innenvertrauen sein. Die Kommunikation positiver Kund:innenbewertungen ermöglicht es, Kund:innen in wichtigen Entscheidungssituationen Sicherheit zu geben – und ist demnach ein mächtiger Hebel für die Conversion-Optimierung. Im sechsten Kapitel haben wir zudem festgehalten, dass Reputationssysteme vertrauenswürdiges Verhalten incentivieren können.

Gleichzeitig haben Reputationssysteme aber auch eine dunkle Seite: Für Unternehmen sind gute Bewertungen nämlich dermaßen erfolgsentscheidend, dass diese immer wieder in Versuchung kommen, beim Einsammeln und bei der Kommunikation ihrer Kund:innenbewertungen zu tricksen. Das lässt sich beispielsweise in den App-Stores beobachten, wo ein intensiver Kampf um die App-Downloads der Smartphone-Nutzer:innen stattfindet. Allein in Apples App-Store wurden im Jahr 2020 mehr als 640 Milliarden US-Dollar durch Apps umgesetzt.[101] Und dabei werden Apps mit drei Sternen mehr als dreimal häufiger heruntergeladen als Apps mit zwei Sternen. Apps mit vier Sternen werden fast doppelt so häufig heruntergeladen als Apps mit drei Sternen. Sterne-Bewertungen sind entsprechend bares Geld wert. Und das nicht nur für die App-Anbieter, sondern auch für Apple selbst. Jede heruntergeladene App bedeutet für beide Parteien Umsatz.[102]

Dass für Nutzer:innen häufig Frust der Auslöser dafür ist, sich für eine Bewertung in den App-Store zu klicken, ist aus Sicht der Betreiber von App und von Appstore ein Problem. Denn frustrierte Nutzer:innen bewerten typischerweise nicht besonders gut. Bessere Bewertungen erhält man, wenn man aktiv auf die User zugeht – und zwar möglichst in den Situationen, in denen User positive Erfahrungen machen. Genau das ermöglicht Apple seit 2017 durch sogenannte In-App Prompts, durch die Kund:innen innerhalb der App nach einer Bewertung gefragt werden können. Entwickler können seitdem entscheiden, in welchen Momenten es eine gute Idee ist, Kund:innen nach einer Bewertung zu fragen – und wann man das besser nicht tut. User, die bereits beim Log-In scheitern, weil sie ständig ihr Passwort vergessen, werden also erst gar nicht nach einer Bewertung gefragt. Stattdessen fragt man Kund:innen besser kurz nachdem sie ein Erfolgserlebnis gehabt haben – also etwa, wenn Gamer einen neuen High-Score erreicht haben, Läufer:innen ein gesetztes Ziel erreicht oder Online-Shopper eine Bestellung abgeschickt haben. Für die Bewertungen im App-Store war der Schritt zu den In-App Prompts ein Paradigmenwechsel: Die durchschnittliche Anzahl der App-Bewertungen hat sich in den darauffolgenden Monaten verfünffacht. Zudem führt die Einführung von In-App Prompts in der Regel zu deutlich positiveren Bewertungen. Beispielsweise schaffte es die Subway-App im Jahr 2018 in kurzer Zeit von 1,7 auf 4 Sterne – mit einem Update, das es vor allem leichter machte, die App innerhalb der App zu bewerten.[103]

Die Grenze zur Fälschung guter Bewertung ist hier nicht scharf. In vielen Fällen wird sie aber eindeutig überschritten. Beispielsweise, wenn App-Anbieter ihren Nutzer:innen zunächst Filter-Fragen, wie etwa *Liebst du diese App?* stellen – um dann nur diejenigen um eine offizielle App-Bewertung zu bitten, welche die Frage positiv beantwortet haben. Die Grenze ist auch dann eindeutig überschritten, wenn Unternehmen Kund:innen für gute Rezensionen bezahlen. Für Plattform-Provider ist die Optimierung von Kund:innen-Rezensionen ein Spiel mit dem Feuer. Ein valides Ratingsystem mit authentischen Bewertungen ist die Grundlage dafür, dass Kund:innen gute Entscheidungen treffen können und um hohe Qualität im Angebot zu fördern. Wenn jedoch Bewertungen insgesamt immer positiver werden, verlieren sie an Bedeutung. **Versuche, Kund:innenbewertungen zu optimieren (ohne die zu bewertende Kund:innenerfahrung zu verbessern), können dem Informationsgehalt von Reputationssystemen massiv schaden.**

Soziale Informationen müssen relevant und glaubhaft sein.

Für Vertrauen braucht es die Fähigkeit, das jeweilige Gegenüber gut einschätzen zu können. Um Kund:innen dabei zu unterstützen, solche Einschätzungen möglichst gut vornehmen zu können, kann es helfen, ihnen in bedeutenden Entscheidungssituationen soziale Informationen bereitzustellen. Also: *Wie beurteilen andere diese Situation? Was sagen Expert:innen dazu? Wie haben sich deine Peers in dieser Situation verhalten?* Dabei ist darauf zu achten, dass die Personen aus Kund:innensicht relevant sind (etwa aufgrund von Wissen oder ihrer Ähnlichkeit) und sich ihre Erfahrung möglichst unmittelbar auf den jeweiligen Entscheidungskontext bezieht. Zudem können soziale Informationen nur vertrauensfördernd sein, wenn sie authentisch und damit zusammenhängend glaubhaft sind.

Reflexion: Wie schaffen wir Vertrauen durch Reputation?

1 Peers

Wer sind relevante andere?

Wer sind aus Kund:innensicht relevante Peers, die sich in ähnlichen Situationen befunden haben? Welche dieser Peers vertrauen uns bereits? Wie können wir ihre Bewertungen, Rezensionen und Vertrauensbeweise sammeln? (z. B. zum Kauferlebnis und der Produktnutzung)

3 Vertrauens-situationen

Wann brauchen Kund:innen soziale Informationen?

In welchen Situationen brauchen Kund:innen soziale Informationen über Peers und von Autoritäten? Wie können wir die sozialen Informationen in diesen Situationen sinnvoll kommunizieren? (z. B. beim ersten Besuch auf unserer Website, bei der Produktauswahl, bei Beschwerden)

Um uns einschätzen und vertrauen zu können, helfen Kund:innen insbesondere soziale Informationen über unsere Vertrauenswürdigkeit. **Entsprechend lohnt es sich zu fragen, wer aus Sicht der Kund:innen relevante Peers und wer relevante Autoritäten sind.** Von beiden Gruppen können Referenzen, Bewertungen und verhaltensbasierte Vertrauensbeweise eingesammelt werden – um diese Kund:innen in relevanten Entscheidungssituationen zur Verfügung zu stellen.

2 Autoritäten

Wer sind relevante Autoritäten?

Wer sind aus Kund:innensicht relevante Personen oder Institutionen, welche die Situation besonders gut einschätzen können? Welche Autoritäten vertrauen uns bereits? Wie können wir ihre Bewertungen, Rezensionen und Vertrauensbeweise sammeln? (z. B. von Fachexperten, Verbraucherschützern oder Influencern)

Kapitel 12: Die Situation ist eindeutig | Klarheit

Du kannst mir dann vertrauen, wenn die Situation eindeutig ist.

Damit Vertrauen entstehen kann, müssen wir uns gegenseitig gut einschätzen können. In den beiden letzten Kapiteln haben wir bereits zwei Mechanismen kennengelernt, die uns dabei helfen können: Erfahrung und Reputation. Es fällt uns dann leicht, Personen, Organisationen oder Produkte hinsichtlich ihrer Vertrauenswürdigkeit einzuschätzen, wenn wir diese bereits selbst kennen gelernt haben oder wenn andere Personen sie kennen und für uns bewertet haben. Darüber hinaus spielt für unsere Einschätzungen aber ein weiterer Faktor eine wichtige Rolle: Die Situation selbst, in der wir die Einschätzung treffen möchten. Inwiefern diese Situation die Beurteilung von Vertrauenswürdigkeit erleichtert, ist Gegenstand des zehnten und damit letzten Vertrauensmechanismus: Klarheit.

Eine der grundlegendsten psychologischen Erkenntnisse überhaupt ist der *fundamentale Attributionsfehler*.[104] Ich muss immer wieder an den fundamentalen Attributionsfehler denken, wenn ich mit meinen Kindern im Baumarkt bin. Typischerweise spielt sich das bei uns so ab: Es ist Samstag, irgendwas muss erledigt werden und irgendwann wird es dafür notwendig, etwas im Baumarkt zu besorgen. Leichtsinnig frage ich die Kinder, ob sie nicht mitkommen wollen. Sie wollen. Und so befinden wir uns kurze Zeit später im Auto zum Baumarkt. Wir steigen aus und betreten gemeinsam das Geschäft. Ich überlege, wo der gesuchte Artikel wohl zu finden ist, schaue mich um – und höre nun meine Kinder einige Gänge entfernt rennen, schreien, eskalieren. Sie sind nicht wieder zu erkennen. Ich überlege, warum ich sie wieder mitgenommen habe und wie um alles in der Welt ich sie wieder einfangen kann, ohne meine Würde ganz zu verlieren. Außenstehende kommen in der Situation vermutlich zur Einschätzung, dass meine Kinder wild, unausgeglichen, vielleicht unerzogen sind. Und genau diese Erklärung des Verhaltens meiner Kinder entspricht dem fundamentalen Attributionsfehler: Wir neigen grundsätzlich dazu, das Verhalten anderer hauptsächlich durch stabile Personeneigenschaften zu erklären. Also: Die Kinder sind wild. Deshalb rennen und schreien sie.

Was wir typischerweise *fundamental* unterschätzen ist, wie sehr unser Verhalten auch durch situative, äußere Faktoren beeinflusst ist. Also: Die weiten Gänge im Baumarkt, der hohe Geräuschpegel, die reizüberflutenden Farben der vielen Produkte, der abgelenkte Vater. All das führt auch dazu, dass meine Kinder rennen und schreien. Aber das ist uns häufig nicht bewusst. Das heißt: Unsere Urteile, Entscheidungen und Verhaltensweisen sind maßgeblich durch äußere Faktoren der Situation beeinflusst. Allerdings unterschätzen wir diese situativen Einflüsse in der Regel und überschätzen stattdessen Erklärungen durch stabile Personeneigenschaften der jeweiligen Personen.

So wie wir die Rolle der Situation unterschätzen, wenn es um das Verhalten von Kindern im Baumarkt geht, so unterschätzen wir tendenziell auch die Rolle der Situation, wenn es darum geht, wie wir zur Einschätzung kommen, dass eine Person, ein Produkt oder ein Unternehmen vertrauenswürdig ist. Ob du mich als vertrauenswürdig einschätzt, hängt eben nicht nur von meinen persönlichen Eigenschaften und Kompetenzen ab, sondern ganz wesentlich auch von der Situation, in der du mich erlebst. Ob Kund:innen uns als Unternehmen oder unseren Produkten vertrauen, ist entsprechend nicht nur von unseren guten Absichten und Kompetenzen abhängig, sondern ganz wesentlich davon, wie leicht diese in wichtigen Entscheidungssituationen erkennbar werden. Die daraus resultierende Relevanz der Situation für die Entwicklung von Vertrauen ist für dieses Buch und für VertrauensArchitektur als Methode grundlegend. **Als Unternehmen brauchen wir Vertrauen in ganz spezifischen Situationen – und wie diese Situationen gestaltet sind, bedingt maßgeblich, ob Vertrauen entstehen kann oder nicht.** Alle neun bisher besprochenen Vertrauensmechanismen äußern sich entsprechend mitunter auch in der Entscheidungssituation selbst. Als VertrauensArchitekt:innen fragen wir uns jeweils, inwiefern in der Entscheidungssituation *klar* wird, was wir wollen, können und inwiefern die Situation für Kund:innen eine gute Einschätzung ermöglicht. Die Klarheit der Entscheidungssituation ist für die Entstehung von Vertrauen so wichtig, dass es sich hierbei um unseren zehnten und letzten Vertrauensmechanismus handelt, der sich ausschließlich auf die Situation bezieht. Wenn Situationen klar sind, lässt sich Vertrauenswürdigkeit leichter einschätzen. Dann fällt es uns auch leichter, zu vertrauen.

Die Frage ist, ob Kund:innen gute Entscheidungen treffen können.

Dass Klarheit ein wesentlicher Hygienefaktor für die Entstehung von Vertrauen ist, wird deutlich, wenn wir uns Situationen vergegenwärtigen, in denen es an Klarheit fehlt. Diese entstehen etwa dann, wenn wichtige Informationen fehlen, wenn die notwendigen Informationen zwar vorhanden aber unverständlich sind, wenn Widersprüche zwischen den vorhandenen Informationen bestehen, wenn Informationen veraltet sind – oder auch wenn zu viele Informationen geteilt werden,

sodass die relevanten Aspekte untergehen. **Wenn die Informationsqualität nicht stimmt, kann die Beurteilung von Vertrauenswürdigkeit nicht hinreichend getroffen werden.**[105] Um Vertrauen zu gewinnen, sollten wir als Unternehmen entsprechend darauf hinarbeiten, die Informationsqualität in jedem Berührungspunkt mit unseren Kund:innen so zu verbessern, dass die Einschätzung unserer Vertrauenswürdigkeit einfacher wird. Das gilt insbesondere dann, wenn Kund:innen ihre Einschätzung noch nicht auf eigene Erfahrung oder auf Reputation stützen können – etwa weil wir als Unternehmen oder mit unserem Angebot neu sind. Die Frage muss dann ganz besonders deutlich lauten, welche Informationen Kund:innen zur Beurteilung unserer Vertrauenswürdigkeit brauchen und wie wir diese Informationen in den relevanten Entscheidungssituationen möglichst übersichtlich und leicht verständlich auf den Punkt bringen.[106]

Klarheit bedeutet letztendlich, für Kund:innen Situationen zu ermöglichen, in denen gute Einschätzungen und Entscheidungen getroffen werden können. Eine bestimmte Eigenschaft der menschlichen Urteilsfindung ist dabei für die Gestaltung effektiver Entscheidungssituationen besonders wichtig: Wir treffen Einschätzungen in der Regel nicht isoliert voneinander, sondern vielmehr relativ zueinander. Das gilt für die Einschätzung aller möglichen Größen und Eigenschaften. Wenn wir beispielsweise Farben, Gerüche oder Preise einschätzen, dann gehen wir in der Regel so vor, dass wir zunächst nach Vergleichswerten suchen und unsere Einschätzung dann relativ zu diesen anderen Farben, Gerüchen oder Preisen vornehmen.[107] Diese Vergleiche bleiben dabei in der Regel unbewusst. Je leichter sie allerdings möglich sind, desto leichter fällt uns die Einschätzung – und desto sicherer fühlen wir uns tendenziell in unserem Urteil. Entsprechend ist die Ermöglichung von Vergleichen eine effektive Strategie, um für Kund:innen Klarheit zu schaffen – ihnen also eine einfachere Beurteilung zu ermöglichen. Wenn wir Kund:innen beispielsweise zur Beurteilung unseres Versicherungsprodukts die jeweiligen Deckungssummen oder Schadenbearbeitungszeiten präsentieren, lassen sich diese nur dann einfach beurteilen, wenn wir ihnen hierfür relevante Vergleichswerte bereitstellen – etwa die Werte einzelner Wettbewerber oder des Marktdurchschnitts. Anderenfalls könnte es sein, dass Kund:innen die für Ihre Einschätzung notwendige Klarheit nicht vorfinden – und in der Folge etwa bei Vergleichsportalen landen, welche die gesuchte Vergleichbarkeit bieten.

Unklare Intentionen sind Vertrauens-Killer.

Schaffen wir es nicht, die zur Beurteilung unserer Vertrauenswürdigkeit notwendigen Informationen im Sinne einer möglichst einfachen Einschätzung darzustellen, ist das Ergebnis häufig Überforderung, Stress und in letzter Konsequenz Abwendung. **Wenn Kund:innen uns nicht einschätzen können, verlassen sie das Feld.** Das habe ich vor einiger Zeit am eigenen Leib erleben müssen, als ich gemeinsam mit Freunden einer Idee für ein neues Versicherungsprodukt nachgegangen bin. Unsere Idee war einfach: Wir wollten verschiedene Sicherheitsprodukte, wie etwa Schutzhüllen oder Helme, mit kostenlosen Zusatzversicherungen ausstatten – beispielsweise Handyhüllen mit Handyversicherungen oder Skihelme mit Unfallversicherungen. Die Versicherung sollte dabei durch die Hersteller bezahlt werden, sodass sie für die Endkund:innen kostenlos war.

Wir mochten die Idee und wollten möglichst schnell herausfinden, ob sie auch bei echten Kund:innen Anklang finden würde. Dafür schalteten wir in sozialen Medien verschiedene Anzeigen von Handyhüllen und Skihelmen – immer zum selben Preis aber teilweise mit und teilweise ohne kostenloser Zusatzversicherung. Unsere Erwartung war, dass die Anzeigen mit kostenlosen Zusatzversicherungen zu deutlich mehr Klicks führen würden als die Anzeigen ohne Zusatzversicherungen. Schließlich waren die Preise immer identisch – die Kund:innen bekamen durch die Zusatzversicherung also insgesamt mehr für dasselbe Geld. Das Ergebnis allerdings war ebenso eindeutig wie ernüchternd – und führte dazu, dass wir uns schnell wieder von der Idee abwandten: Die kostenlose Zusatzversicherung führte bei beiden Produkten nicht zum gewünschten Ansturm, sondern sogar dazu, dass die Anzahl an Klicks dramatisch einstürzte. Deutlich mehr Personen interessierten sich für den Helm als für denselben Helm mit Versicherung. Und deutlich mehr Personen interessierten sich für die Handyhülle als für die Handyhülle mit Handyversicherung.

Was an unserem kostenlosen Angebot hatte eine dermaßen abschreckende Wirkung? Bei meiner Suche nach Erklärungen bin ich auf eine Studie von Dan Ariely gestoßen, die im Grunde eine sehr ähnliche Beobachtung hervorbrachte – nur in noch extremerer Form: Statt kostenloser Versicherungen bot Ariely (den wir bereits in Kapitel 5

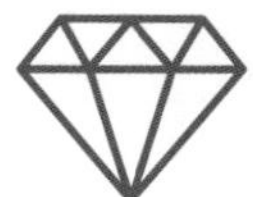

kennengelernt haben) ganz einfach kostenloses Geld an! Dafür errichtete er gemeinsam mit Studierenden in einem Einkaufszentrum in Cambridge einen Stand mit der Aufschrift „Gratis-Geld" und bestückte den Stand mit einem gut sichtbaren Stapel Geldscheine. Die Aufschrift gab auch an, wie viel Geld verschenkt wurde: Die Forscher:innen probierten zu unterschiedlichen Zeiten verschiedene Geldbeträge zwischen einem und 50 US-Dollar aus. Alles, was die Passant:innen tun mussten, war zum Stand zu kommen und sich das Geld abzuholen. Das überraschende Ergebnis war, dass kaum jemand das Geld-Geschenk annahm. Bei niedrigen Geldbeträgen waren es nur etwa ein Prozent der Passant:innen, die sich das Geld abholten. Bei höheren Geldbeträgen kamen mehr Personen zum Stand – allerdings nahmen auch bei einer Höhe von 50 US-Dollar immer noch weniger als 20 Prozent der Passant:innen das Geschenk an. Die kritischen Nachfragen der Passant:innen machten dabei sehr deutlich, was sie daran hinderte, das Geld-Geschenk anzunehmen: Kaum jemand konnte sich vorstellen, dass die Sache keinen Haken hatte. Fast alle Personen vermuteten einen versteckten Trick, durch den sie am Ende dann doch mehr Geld verlieren als gewinnen würden.[108]

Und vermutlich ging es uns mit unserem kostenlosen Versicherungsprodukt ganz ähnlich: Die Personen konnten sich wohl einfach nicht vorstellen, dass die Sache keinen Haken hatte. Sie konnten sich nicht vorstellen, dass wir tatsächlich gute Absichten hatten. Was Arielys Stand und unsere Anzeigen gemeinsam hatten, war fehlende Klarheit – und das insbesondere hinsichtlich unserer eigenen Intentionen. Vermutlich hätten sich in beiden Fällen deutlich mehr Personen für das kostenlose Angebot interessiert, wenn wir besser erklärt hätten, *warum* das Angebot kostenlos ist.

Klarheit entsteht auch durch Fokus.

Neben Klarheit durch Informationsqualität und Klarheit durch eindeutige Intentionen, liegt für Unternehmen ein großer Hebel zur Stärkung der Klarheit in der Fokussierung des eigenen Angebots. **Je spitzer das eigene Tätigkeitsfeld, desto leichter ist Exzellenz erreichbar – und desto glaubhafter.** Stell dir vor, es ist Sonntagabend und du möchtest dir eine Pizza nach Hause bestellen. In deiner Liefer-App findest du zahlreiche Restaurants in deiner Nähe, aus denen du auswählen kannst. Welches der folgenden Restaurants (die es in meiner Gegend tatsächlich beide so gibt) überzeugt dich mehr: Das Restaurant Da Pino mit der Bezeichnung „Italienische Pizza“ oder das Restaurant

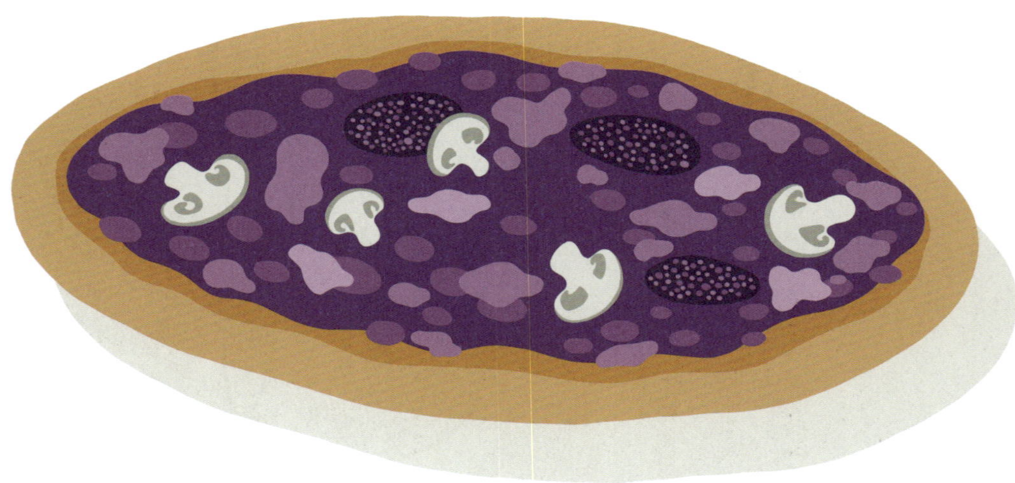

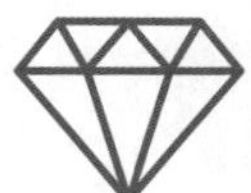

Pizza Best mit der Bezeichnung „Italienische Pizza, Chinesisch, Burger, Döner“? Fokus bringt Klarheit und damit auch Glaubwürdigkeit. Wer nur Pizza macht, kann das sehr wahrscheinlich besser, als wer zusätzlich noch ganz andere Speisen anbietet. Apple hat den Handymarkt mit nur einem einzigen Produkt revolutioniert. Google ist auch deshalb so erfolgreich, weil es sich mit der Online-Suche auf eine sehr klar definierte Aufgabe fokussiert hat. Zwar hat das Tech-Unternehmen seine Suchmaschine in den letzten 20 Jahren durch eine Vielzahl weiterer Produkte und Services ergänzt – trotzdem hat Google seinen radikalen Fokus in der Kund:inneninteraktion nie aufgegeben: Nach wie vor finden wir auf google.com vor allem ein Logo und ein Suchfeld – nichts weiter. Spezialisierung ist dabei alles andere als einfach. Sie erfordert mitunter die Fähigkeit, kurzfristig auch auf Chancen verzichten zu können. Wer jeder Idee nachgeht und jeden Auftrag annimmt, tut sich beim Fokussieren schwer. Wer sich fokussiert, erarbeitet sich viel Vertrauen in einem Kontext und verzichtet dafür auf Vertrauen in anderen Kontexten.

Um Vertrauen zu ermöglichen, muss es als Unternehmen unser Ziel sein, für unsere Kund:innen klare Entscheidungssituationen zu ermöglichen – in denen unsere Absichten und Kompetenzen eindeutig erkennbar und somit unsere Vertrauenswürdigkeit möglichst leicht einzuschätzen ist. Dafür braucht es wiederum Empathie für Kund:innen: Welche Fragen stellen sich Kund:innen? Welche sind für sie die entscheidenden Informationen? Wie bereiten wir diese so auf, dass sie verstanden werden? Und es braucht die Bemühung, diese Informationen so anschaulich auf den Punkt zu bringen, dass sie für die Vertrauens-Urteile der Kund:innen maximal hilfreich sind.

Reflexion: Wie schaffen wir Vertrauen durch Klarheit?

1 Einschätzungen

Was müssen Kund:innen einschätzen können?

Welche Einschätzungen müssen unsere Kund:innen treffen, um uns vertrauen zu können? (z. B. Qualität und Funktionsweise unserer Angebote, unsere Ziele und Absichten)

Klarheit für Kund:innen äußert sich darin, dass sie über **alle notwendigen Informationen in einer Form verfügen, die ihnen die Einschätzung unserer Vertrauenswürdigkeit leicht macht.** Um Kund:innen hierzu mit hochwertigen Informationen auszustatten, eignen sich die folgenden Fragen für wichtige Vertrauens- und Entscheidungssituationen:

2 Informationen

Welche Informationen brauchen sie dafür?

Welche Informationen brauchen sie für ihre Einschätzungen? (z. B. Vergleich zu Alternativen, Erfahrungen anderer Kund:innen)

3 Situationen

Wie erhöhen wir die Informationsqualität?

In welchen Situationen treffen Kund:innen diese Einschätzungen? Wie können wir die notwendigen Informationen in diesen Situationen so darstellen, dass die Einschätzung möglichst leicht wird? (z. B. Tabellen, FAQs, Testimonials)

Fünfter Teil: Aktion

VertrauensArchitektur in Aktion

Wenn du nach der Lektüre dieses Buchs mit der Anwendung von VertrauensArchitektur startest, fragst du dich vielleicht: Welche der zehn Mechanismen sind nun für meine individuelle Situation besonders wirksam? Und wie genau sehen die geeignetsten Interventionen für mein Unternehmen aus? Die Antwort wird dich hoffentlich freuen: Genau das herauszufinden, kann deine neue Aufgabe sein.

Das allgemeingültige Vertrauens-Kochrezept existiert nicht ...

Weil menschliches Erleben und Verhalten kontextabhängig sind, lassen sich deren Determinanten nicht ohne Weiteres von einer Situation auf die andere übertragen. Was in einer Situation hilft, um Vertrauen zu entwickeln, muss es in anderen Situationen nicht unbedingt auch tun. Was für ein Unternehmen funktioniert, muss für andere Unternehmen nicht auch funktionieren. Sozialwissenschaftliche Erkenntnisse sind für uns besonders wertvoll, weil sie uns Mechanismen aufzeigen, die für das Verhalten von Menschen grundsätzlich einen Unterschied machen können. Aber das muss nicht heißen, dass sie es in unserem speziellen Fall auch tun. **Auch wissenschaftliche Erkenntnisse lassen sich nicht auf jeden Anwendungskontext übertragen**. Deshalb kann dir VertrauensArchitektur kein detailliertes Kochrezept bieten, sondern vielmehr eine Auswahl von Zutaten und Utensilien, die du zum Kochen verwenden kannst. Was genau du davon brauchst und wie du es im Detail kombinierst, hängt davon ab, wen du eingeladen hast und was ihr essen wollt.

… aber dein Kochstudio ist bestens ausgestattet.

Heißt das nun, dass all die Mechanismen nur Theorie sind und die Praxis ganz anders aussieht? Zum Glück nicht. **Es heißt aber, dass effektive Vertrauensentwicklung weit über die Frage nach Quick-Wins hinausgehen muss. Um in deinem Tätigkeitsfeld wirksam und nachhaltig Kund:innenvertrauen zu entwickeln, gilt es den ganzen Weg zu gehen**: Erstens brauchst du ein differenziertes Zielbild deines Vertrauensbedarfs (siehe Kapitel 2): Von wem brauchst du also worin Vertrauen und wie äußert sich das? Zweitens kannst du auf der Grundlage der zehn Vertrauensmechanismen vielversprechende Ideen für Interventionen zur Erreichung dieses individuellen Zielbilds ableiten. Und schließlich gilt es die Wirksamkeit dieser Interventionen in deinem spezifischen Unternehmenskontext zu testen und so das Kund:innenvertrauen schrittweise zu optimieren.

Vor diesem Hintergrund widmet sich dieser fünfte Teil des Buchs der Entwicklung von Vertrauen in der Unternehmenspraxis. Dafür geht es im 13. Kapitel zunächst um die besondere Dynamik der Entstehung von Vertrauen und Misstrauen. Diese sollten wir als Unternehmen berücksichtigen, um die Entwicklung von Vertrauen zu ermöglichen und Misstrauensspiralen möglichst zu vermeiden. Und schließlich geht es im letzten Kapitel dieses Buchs darum, wofür und worin verschiedene Unternehmen das Vertrauen ihrer Kund:innen benötigen und wie sie in ihrer Arbeit an der Entwicklung von Vertrauen heute vorgehen. Um das herauszufinden, habe ich Interviews mit vier Personen durchgeführt, die alle in ihrem jeweiligen Tätigkeitsfeld intensiv an der Entwicklung des Kund:innenvertrauens arbeiten, weil sie davon überzeugt sind, dass der Erfolg ihrer Organisation hiervon abhängt. Die Unternehmen, in denen die vier Personen arbeiten, könnten dabei unterschiedlicher nicht sein – entsprechend unterscheiden sich auch die Vorgehensweisen und Interventionen der vier Unternehmen deutlich. In diesen Gesprächen haben wir jeweils die Top-Vertrauensmechanismen für die Vertrauensarbeit der jeweiligen Unternehmen herausgearbeitet.

Kapitel 13: Die Dynamik des Vertrauens

Vertrauen und Misstrauen wirken selbstverstärkend – nur auf dramatisch unterschiedliche Weise.

Mit der Dynamik des Vertrauens verhält es sich ganz anders als mit den meisten anderen Ressourcen, die wir als Unternehmen brauchen. Wie wir Vertrauen gewinnen, ist speziell – und genauso auch, wie wir Vertrauen wieder verlieren. Um die Dynamik des Vertrauens zu veranschaulichen, lohnt sich ein zweiter Blick auf eines der klassischen Paradigmen der Vertrauensforschung, das wir bereits im siebten Kapitel kennengelernt haben, als es um Paul Zak und das Hormon Oxytozin ging: Das Vertrauensspiel.[109] Das Vertrauensspiel wird typischerweise von zwei Personen gespielt, die sich nicht kennen und auch im Spielverlauf anonym bleiben. Es kommt im Spiel zu keinem Treffen oder Gespräch zwischen den beiden Personen. Beide Spieler:innen nehmen unterschiedliche Rollen ein: Die erste Spieler:in agiert als Investor:in, die zweite Spieler:in reagiert jeweils auf die Investitionen der ersten Spieler:in.

Stellen wir uns also vor, wir beide spielen ein solches Vertrauensspiel. Du spielst in der Rolle der Investor:in. In jeder Runde des Spiels bekommst du 20 Euro geschenkt. Du kannst damit tun, was du willst. Es ist dein Geld. Du hast die Möglichkeit, einen beliebigen Anteil des Geldes an mich als deinen Spielpartner zu senden. Der Betrag, den du an mich schickst, wird dabei auf dem Weg zu mir verdreifacht. Daraufhin bin ich dran, zu entscheiden, ob ich dir einen Anteil des erhaltenen Geldes wieder zurückschicke – und wenn ja, welchen. Für Vertrauensforscher:innen ist die Höhe deiner Investitionen in mich ein Maß für Vertrauen – und die Höhe des Geldes, das ich an dich zurücksende, ein Maß für vertrauenswürdiges Verhalten. Je mehr wir beide im Vertrauensspiel kooperieren – indem du mir vertraust und ich mich vertrauenswürdig verhalte – desto mehr können wir beide gewinnen. Schauen wir uns nun an, wie unser Spiel typischerweise ablaufen könnte:

Phase 1: Wir tasten uns heran.

Du erhältst in der ersten Runde deine 20 Euro. Wie viel davon investierst du in mich? Du kannst auf Nummer sicher gehen und mir gar nichts schicken. Dann behältst du einfach deine 20 Euro und kannst nichts verlieren. Das ist die vertrauensfreie Option. Oder aber du gehst voll ins Risiko und schickst mir den gesamten Betrag. Bei mir kämen dann 60 Euro an. Vermutlich würde ich dir mindestens die Hälfte zurückschicken, überlegst du. Vielleicht aber auch mehr! Dann hättest du einen Gewinn gemacht. Es könnte aber auch sein, dass ich dir nichts zurückschicke. Dann hättest du das gesamte Geld verloren. Du entscheidest dich für den Weg der Mitte: Du behältst 10 Euro als sichere Reserve und schickst mir die anderen 10 Euro als Investition. So kannst du mit vertretbarem Risiko testen, wie ich mit deinem Geld umgehe. Deine 10 Euro verdreifachen sich auf dem Weg zu mir. Bei mir kommen also einfach so 30 Euro von einer fremden Person an. Wow! Das fühlt sich richtig gut an. Paul Zak aus Kapitel 7 würde wohl einen erhöhten Oxytozinspiegel in meinem Blut feststellen. Ich freue mich sehr und will dein Vertrauen nicht enttäuschen. Ich frage mich, welchen Anteil des Geldes du wohl zurückerwartest. Fair fände ich, dir die Hälfte des erhaltenen Geldes zurückzusenden. Aber ich sende dir sogar etwas mehr zurück, um mich bei dir für dein Vertrauen zu bedanken. Von meinen 30 Euro sende ich dir also 20 Euro zurück. **Deine Investition in mich hat sich damit verdoppelt.**

Phase 2: Wir sind im Paradies.

Als du siehst, wie viel Geld ich dir zurücksende, freust du dich sehr. Ich habe dein Vertrauen nicht enttäuscht. Ich habe dir sogar noch etwas mehr zurückgeschickt, als du erwartet hattest. Das fühlt sich richtig gut an. Zak würde wohl auch bei dir einen erhöhten Oxytozinspiegel messen. Durch unsere Kooperation hast du aus deinen 20 Euro insgesamt 30 Euro gemacht. Du fühlst dich in deinem Vertrauen in mich bestätigt. Auch in der nächsten Runde wirst du mir wieder Geld schicken – irgendwann sogar ein bisschen mehr. Zunächst schickst du mir weiter in jeder Runde 10 Euro und erhältst 20 Euro zurück. Dann erhöhst du Schritt für Schritt, bis du mir irgendwann deine gesamten

20 Euro pro Runde schickst. Ich bleibe dabei, dir jeweils das Doppelte deines Investments zurückzuschicken – so machst du schließlich 40 Euro pro Runde – und ich 20 Euro. Das Spiel bleibt für uns beide eine ganze Weile paradiesisch: Wir verdienen jeweils mühelos eine Menge Geld. **Wir beide profitieren und wir beide sind glücklich. Bis ich auf einmal beschließe, dir weniger Geld zurückzugeben.**

Phase 3: Wir stürzen ins Misstrauen.

In dieser Runde schicke ich dir nicht mehr wie bisher 40 Euro zurück, sondern nur noch 30 Euro. Du fragst dich, was zur Hölle mir einfällt. Vielleicht wurde mir langweilig. Oder aber ich empfinde es als fair, wenn wir beide pro Runde gleich viel verdienen. Du bist empört. Schließlich riskierst du Runde für Runde deine gesamten 20 Euro, damit wir beide einen Gewinn erzielen können. Wie konnte ich einfach so entscheiden, mir mehr vom Kuchen zu nehmen? Du beschließt, mich zu bestrafen: In der nächsten Runde schickst du mir gar nichts. Du behältst einfach deine 20 Euro und ich gehe leer aus. Das kränkt mich. **Wir stehen wieder bei Null. Nur, dass es sich nicht mehr so gut anfühlt wie am Anfang.** Ich entscheide, auch ein Exempel zu statuieren: Als du mir einige Runden später wieder etwas Geld schickst, behalte ich es einfach. Das war es dann also. Das Paradies ist vorüber. Für uns ist es nun fast unmöglich, wieder in den Zustand zu gelangen, in dem wir uns beide vertraut haben und beide Runde für Runde profitiert haben. Unsere Kooperation scheint zu Ende zu sein.

Was war geschehen? Unser Spiel zeigt einige Phänomene, die für die Dynamik von Vertrauen und von Misstrauen ganz typisch sind. Obwohl wir uns nicht kannten, war es für dich recht einfach, mir zu Beginn des Spiels einen Vertrauensvorschuss zu geben. Dann haben wir unser Vertrauen Runde für Runde weiter gesteigert: Du, indem du Schritt für Schritt weiter ins Risiko gegangen bist – und ich, indem ich mich kontinuierlich an unsere implizite Vereinbarung gehalten habe. **Irgendwann haben wir den Zustand des vollen Vertrauens erreicht – dieser Zustand war für uns beide hochgradig funktional – und gleichzeitig war er sehr fragil: Es hat ausgereicht, dass ich einmal dein Vertrauen enttäuscht habe, um alles einstürzen zu lassen.** Zum Schluss war da nur noch Misstrauen – aus dem sich nur sehr schwer wieder Vertrauen entwickeln lässt. Unser Spiel und auch die beobachtete Dynamik des Vertrauens lässt sich gut auf die Interaktion zwischen Unternehmen und Kund:innen übertragen. Als Unternehmen sind wir etwa darauf angewiesen, dass Kund:innen als Investor:innen in unsere Produkte oder Dienstleistungen investieren. Indem wir dann kontinuierlich ihre Erwartungen erfüllen, kann es uns gelingen, das Vertrauen schrittweise auszubauen.

Schnelles Vertrauen: Am Anfang starten wir nicht bei Null.

Bemerkenswert war unser Spiel gleich zu Beginn: Obwohl ich eine völlig unbekannte sowie anonyme Person für dich war, hast du dich dazu entschieden, mir die Hälfte deines Geldes zu schicken. Dieser Vertrauensvorschuss gegenüber der fremden Mitspieler:in ist für das Vertrauensspiel ganz typisch: In der Regel entscheiden sich Spieler:innen in der Rolle der Investor:in in der ersten Runde, etwas mehr als die Hälfte ihres Geldes an die unbekannte Mitspieler:in zu senden.[110] Auf ganz ähnliche Weise lässt sich in unterschiedlichen Lebensbereichen beobachten, dass wir Fremden gegenüber häufig in beachtlichem Ausmaß Vertrauen schenken. Etwa, wenn wir Taxifahrer:innen oder Chirurg:innen, die wir nie vorher gesehen haben, ganz ohne Weiteres unser Leben anvertrauen. Oder wenn wir, wie im elften Kapitel besprochen, über Airbnb eine Nacht bei einer fremden Person buchen. Unsere Standard-Einstellung neuen Kooperationspartner:innen gegenüber ist häufig zunächst einmal Vertrauen.[111] **Zu Beginn einer Beziehung vertrauen wir einander häufig nicht deshalb, weil es bestimmte Gründe dafür gibt – sondern ganz einfach deshalb, weil Gründe dagegen fehlen. Solange nichts dagegenspricht, gehen wir zunächst von Vertrauenswürdigkeit aus.**[112] Damit starten wir in der Regel bereits mit einem gewissen Vertrauensvorschuss in die erste Interaktion. Die Interaktions-Vertrauens-Kurve startet nicht bei null, sondern im positiven Bereich.

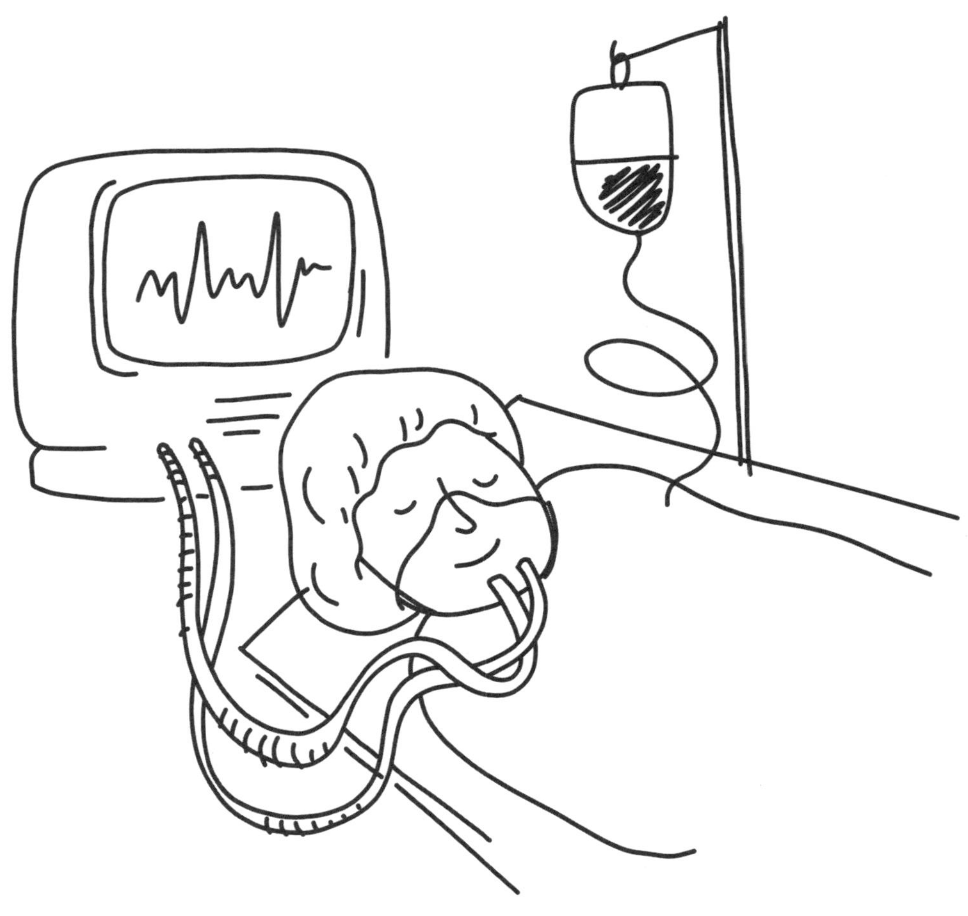

Weil das schnelle Vertrauen bereits vor der ersten Interaktion entsteht, basiert es unabhängig von einer gemeinsamen Interaktions- oder Beziehungshistorie lediglich auf situativ verfügbaren Informationen.[113] Das schnelle Vertrauen setzen wir in der Regel nicht in die Personen, Organisationen oder Produkte selbst – sondern vielmehr in übergeordnete Kategorien, denen wir die Personen, Organisationen oder Produkte zuordnen.[114] Wir vertrauen der Chirurg:in, die wir vorher noch nie gesehen haben also zunächst nicht als Individuum, sondern als Vertreter:in aller Chirurg:innen, denen wir als Gruppe Vertrauen schenken. Genauso vertrauen wir zunächst nicht der Taxifahrer:in als Person, sondern der Kategorie aller Taxifahrer:innen. Damit es zu einer gewünschten Interaktion mit uns als Unternehmen kommen kann, braucht es also häufig zunächst einmal Vertrauen in übergeordnete Kategorien: Ob Kund:innen beispielsweise unseren

Chatbot zum ersten Mal ausprobieren, hängt ganz wesentlich davon ab, welche Erfahrungen sie mit der *Kategorie Chatbot* als Kommunikationskanal mit Unternehmen grundsätzlich bereits gemacht haben und ob sie dieser Kategorie generell vertrauen. Inwiefern sie uns als Versicherungsunternehmen in der ersten Interaktion mit uns vertrauen, hängt wesentlich davon ab, welche Erfahrungen Kund:innen mit anderen Versicherungen gemacht haben – vor allem dann, wenn wir als *typische* Versicherung wahrgenommen werden.

Langsames Vertrauen: Echtes Vertrauen braucht seine Zeit.

Wir brauchen das schnelle Vertrauen als Kickstart, um eine Interaktion überhaupt erst in Gang zu setzen. Darüber hinaus ist es aber nicht stabil. Es bleibt nur dann bestehen, wenn es durch vertrauenswürdiges Verhalten bestätigt wird. Hätte ich dir zu Beginn unseres Spiels keinen fairen Anteil deiner Investition zurückgegeben, wäre dein Anfangsvertrauen sofort wieder im Keim erstickt. Indem ich kontinuierlich Runde für Runde bei unserer impliziten Vereinbarung geblieben bin, konnte aus deinem Vertrauensvorschuss echtes, erfahrungsbasiertes Vertrauen entstehen. Dieses langsame Vertrauen basiert auf persönlicher Erfahrung. Genauer noch: Auf sequenziellen Iterationen erlebter Vertrauenswürdigkeit.[115] **Ohne vertrauenswürdiges Verhalten münden Vertrauensvorschüsse in Enttäuschungen – und die sind Vertrauensgift. Für uns als Unternehmen untermauert das, dass wir zwar vermeintlich einen ersten Eindruck faken können – aber kein echtes Vertrauen. Damit Vertrauen entstehen und wachsen kann, brauchen wir als Unternehmen also beides: Schnelles und langsames Vertrauen.** Wir müssen es zunächst schaffen, dass uns neue Kund:innen Vertrauensvorschüsse geben – und dann kontinuierlich Erwartungen erfüllen oder gar übertreffen, damit langsames Vertrauen entstehen kann.

Die zehn Vertrauensmechanismen lassen sich zur Entwicklung von sowohl schnellem als auch langsamem Vertrauen einsetzen. Dabei unterscheiden sie sich aber deutlich hinsichtlich ihrer Notwendigkeit für Interaktion und damit ihrem Potenzial im zeitlichen Verlauf der Vertrauensentwicklung.[116] Für die Entwicklung von schnellem Vertrauen eignen sich insbesondere die Mechanismen, die sich auch bereits vor einer Interaktion für die Gestaltung von Vertrauenssituationen anwenden lassen. Allen voran Klarheit und Karma – aber unter Umständen genauso auch Interessen, Fähigkeit und Reputation. Für die Entwicklung von langsamem Vertrauen eignen sich zusätzlich die Mechanismen, die sich stärker in der Interaktion selbst äußern: Integrität, Reziprozität, Kontinuität, Benevolenz und Erfahrung.

Vertrauen verstärkt sich selbst.

Wenn Vertrauen erst einmal da ist, hat es eine ganz wunderbare Eigenschaft: Es braucht sich durch die Nutzung nicht auf. Das Gegenteil ist der Fall: Es kann durch die Nutzung noch weiter wachsen. Vertrauen ermöglicht Interaktion. Und Interaktion stärkt wiederum Vertrauen. Zudem verstärkt sich Vertrauen durch selektive Informationswahrnehmung selbst: Wir neigen dazu, überwiegend nach Informationen Ausschau zu halten, die unsere bestehenden Erwartungen stützen – anstatt das gesamte Spektrum der verfügbaren Informationen zu berücksichtigen. Bestätigende Informationen werden eher wahrgenommen, eher erinnert und eher als wichtig erachtet.[117] Wer erwartet, dass sich das Gegenüber vertrauenswürdig verhalten wird, ist empfänglicher für Informationen, die den bestehenden Eindruck von Vertrauenswürdigkeit bestätigen. Andersrum werden bei bestehendem Misstrauen eher Informationen wahrgenommen und als wichtig erachtet, welche die Vertrauenswürdigkeit des Gegenübers infrage stellen.[118] Diese Positivspirale gilt es, zu bewahren. **Wichtig ist zunächst, dass wir damit beginnen zu interagieren, kleine Versprechen machen und diese halten oder übertreffen. Dann wächst das Vertrauen automatisch.** Für Unternehmen kann das ein Geschenk sein: Unter den richtigen Rahmenbedingungen kann Vertrauen aus sich selbst heraus immer weiterwachsen. Es sei denn, es passieren Fehler.

Misstrauen ist explosiv.

Die Entwicklung von Vertrauen und von Misstrauen ist deutlich asymmetrisch: Vertrauen entsteht langsam und inkrementell. Es braucht viele kleine Schritte, um Vertrauen aufzubauen. Und in jedem dieser kleinen Schritte gilt es für die Interaktionspartner:innen, Unsicherheit einzugehen und das Vertrauen zu bestätigen. Im Gegensatz dazu hat der Verlust von Vertrauen einen katastrophalen Charakter. Es braucht im Zweifel nur einen falschen Schritt, um Vertrauen ganz zu zerstören.[119] **Wenn wir Vertrauen verlieren, dann verlieren wir häufig alles: Die Negativspirale endet erst dann, wenn alles Vertrauen**

zerstört ist. Auch das konnten wir im Vertrauensspiel beobachten: Zuerst hast du dich von mir unfair behandelt gefühlt, dann ich von dir. Und schon war das Vertrauen weg. Wenn Vertrauen enttäuscht wird, ist es häufig recht schnell ganz weg. Denn Misstrauen ist erst in seiner Extremform wirklich stabil – also dann, wenn kein Vertrauen mehr übrig ist. Die Negativspirale des Misstrauens ist dabei deutlich schneller und katastrophaler als die Positivspirale des Vertrauens. Dieser Gegensatz in der Entwicklung von Vertrauen und Misstrauen kann mit einem Wald verglichen werden: Der Wald wächst ganz langsam über sehr lange Zeit. Das geht so langsam, dass man es kaum beobachten kann. Aber wenn der Wald brennt, geht das rasend schnell. Das sieht man dann auch. Und zwar auf dramatische Weise.[120]

Dass wir auf Vertrauensbrüche häufig extrem reagieren, ist angesichts unserer Vertrauensdefinition gar nicht so erstaunlich: Vertrauen ist eine zuversichtliche Entscheidung für Verletzlichkeit. Entsprechend bedeutet enttäuschtes Vertrauen: Verletzung. Und zwar aller Zuversicht zum Trotz. Vertrauensbrüche sind Verletzungen und sie sind Enttäuschungen. Die schmerzen und davor will man sich für die Zukunft schützen. Misstrauen ist also funktional. Es schützt uns vor weiteren Verletzungen in der Zukunft. Die mit Vertrauensbrüchen einhergehenden Verletzungen erklären auch die hohe Stabilität des Misstrauens. **Während Zustände mit hohem Vertrauen relativ fragil sind, sind Zustände des Misstrauens extrem stabil. Vertrauen in Misstrauen zu verwandeln geht also relativ leicht, andersherum Misstrauen in Vertrauen zu verwandeln ist wahnsinnig schwer.** Das liegt auch daran, dass wir auf Vertrauensbrüche in der Regel mit Rückzug reagieren. Entsprechend wird es in der Folge kaum mehr möglich, vertrauenswürdiges Verhalten zu zeigen. Wenn sich Misstrauen etabliert hat, lässt sich dadurch häufig kaum mehr nachvollziehen, ob es gerechtfertigt ist oder nicht. Misstrauen zu reparieren ist entsprechend tendenziell auch schwieriger als Vertrauen von Null an aufzubauen. Denn während es für die Entwicklung von schnellem Vertrauen häufig ausreicht, dass keine negativen Informationen vorliegen, sind genau diese negativen Informationen nach einem Vertrauensbruch sehr präsent.[121] Für neue Produkte und Unternehmen kann das Hoffnung geben: Keine Erfahrung ist für die Entwicklung von Vertrauen eine deutlich bessere Voraussetzung als schlechte Erfahrungen.

Mit Empathie und Vergebung Misstrauensspiralen durchbrechen.

Trotz der gewaltigen Dynamik der Misstrauensspirale, gibt es Möglichkeiten diese zu durchbrechen: Was wäre in unserem Spiel geschehen, wenn du meine Entscheidung, dir anstatt 40 Euro nur noch 30 Euro zurückzuzahlen, nachempfinden hättest können? Weil du dich in meine Lage versetzen und mitfühlen hättest können, dass 30 Euro aus meiner Sicht ein fairer Deal waren? Oder was wäre geschehen, wenn ich dir deine Bestrafung verziehen hätte und in der Folge nicht auf Rache, sondern auf Kooperation gesetzt hätte? **Durch Empathie und durch Vergebung lassen sich Misstrauensspiralen durchbrechen.**[122] Für Unternehmen kann das heißen: In den Momenten, in denen sich Kund:innen abwenden – etwa indem sie kündigen, zu einem anderen Anbieter wechseln, unsere Produkte retournieren, unsere Leistung reklamieren, oder schlechte Bewertungen schreiben, sollten wir versuchen, ihnen mit extra viel Verständnis und persönlicher Größe zu begegnen. Und genauso andersherum: **Wenn wir Kund:innenerwartungen enttäuscht haben, gilt es zum Einen unser Verhalten verständlich zu machen und zum Anderen in der Folge die Erwartungen der Kund:innen möglichst zu übertreffen.** So erhöhen wir die Chance, dass Misstrauens-Spiralen möglichst gar nicht erst entstehen.

Übrigens: Vertrauens-Architektur gilt für alle Lebensbereiche.

Das Thema Vertrauen ist allgegenwärtig und es bestimmt alle Bereiche unseres Zusammenlebens. Ob Vertrauen entsteht, ist kein Zufall, sondern veränderbar – auch das gilt nicht nur für Unternehmen, sondern darüber hinaus auch für alle anderen Lebensbereiche: Etwa für Familien, Schulen, Universitäten und für das öffentliche Leben.

Für Unternehmen liegt ein weiteres und ebenso bedeutsames Feld zur Entwicklung von Vertrauen im Inneren der jeweiligen Organisation. Mitarbeiter:innen, die dem Unternehmen und sich gegenseitig vertrauen können, fühlen sich in der Regel wohler und sind weniger krank. Sie kommunizieren effektiver und sind effizienter in der Zusammenarbeit. Und sie sind loyaler und offener für Veränderungen.[123] Derzeit lässt sich in vielen Unternehmen beobachten, dass zwar Hierarchien (und damit Kontrolle von oben) abgebaut werden, man es aber nicht schafft, das dadurch entstehende Vakuum mit Vertrauen aufzufüllen. **In der Folge verschieben sich die Kontrollmechanismen vom Vertikalen ins Horizontale: Alle kontrollieren nun alle.** Dafür braucht es immer mehr Meetings mit immer mehr Teilnehmer:innen sowie immer größer werdende E-Mailverteiler und Chat-Feeds. Der tendenziell steigende Bedarf an Vertrauen in Organisationen zeigt sich zudem besonders deutlich auch in Veränderungsprozessen. Veränderung bedeutet immer Unsicherheit. Um diese aushalten oder sogar aktiv annehmen zu können, braucht es zunächst Vertrauen.

Um Vertrauen in Organisationen aufzubauen, kannst du als Führungskraft oder Organisationsentwickler:in nun analog zur Entwicklung von Kund:innenvertrauen vorgehen. Zunächst braucht es ein differenziertes Zielbild (siehe Kapitel 2: *Wer vertraut wem, worin und wie äußert sich das?*). Auf dieser Basis können dann anhand der zehn Vertrauensmechanismen Interventionen zur Vertrauensbildung identifiziert werden, um schließlich ihre Auswirkung auf das Vertrauen in den Organisationen zu testen.

Reflexion: Wie finden wir die wirksamsten Vertrauensinterventionen?

1 Hypothesen

Wie können wir Vertrauen steigern?

Durch welche Interventionen könnten wir auf der Basis der 10 Vertrauensmechanismen unserem Vertrauens-Zielbild näher kommen? (z. B. Ideen zur Schärfung unserer Intentionen, Anpassung des Geschäftsmodells, Kommunikation von Peer-Bewertungen)

2 Experimente

Wie können wir unsere Ideen testen?

Was sind effiziente Test-Cases für unsere Ideen, um möglichst schnell und einfach herauszufinden, ob sie funktionieren? (z. B. Nutzer:innenbefragungen, A/B Testing, schrittweise Anpassung der Kommunikation oder Produkte)

Die Entstehung von Vertrauen ist kontextspezifisch. Was in einem Fall funktioniert, eignet sich nicht unbedingt auch für die Entwicklung anderer Vertrauenssituationen. Als Unternehmen müssen wir uns deshalb auf die Suche machen nach den für uns wirksamen Interventionen. Auf der Grundlage der zehn Vertrauensmechanismen lassen sich vielfältige Ideen zur Vertrauensentwicklung ableiten. Diese gilt es dann in der Kund:inneninteraktion zu testen, um schrittweise zu lernen, wie das individuell notwendige Vertrauen entwickelt werden kann.

3 Kriterien

Wie messen wir Vertrauen?

An welchem Kund:innenverhalten machen wir fest, dass eine Intervention wirkt? (z. B. Kaufverhalten, Entscheidungsgeschwindigkeit, Selbstauskunft)

4 Erkenntnisse

Was haben wir gelernt?

Welche Beobachtungen haben wir gemacht und welche Erkenntnisse leiten sich davon für unsere Vertrauensarbeit ab? (z. B. für die Optimierung von Interventionen oder für einzelne Zielgruppen)

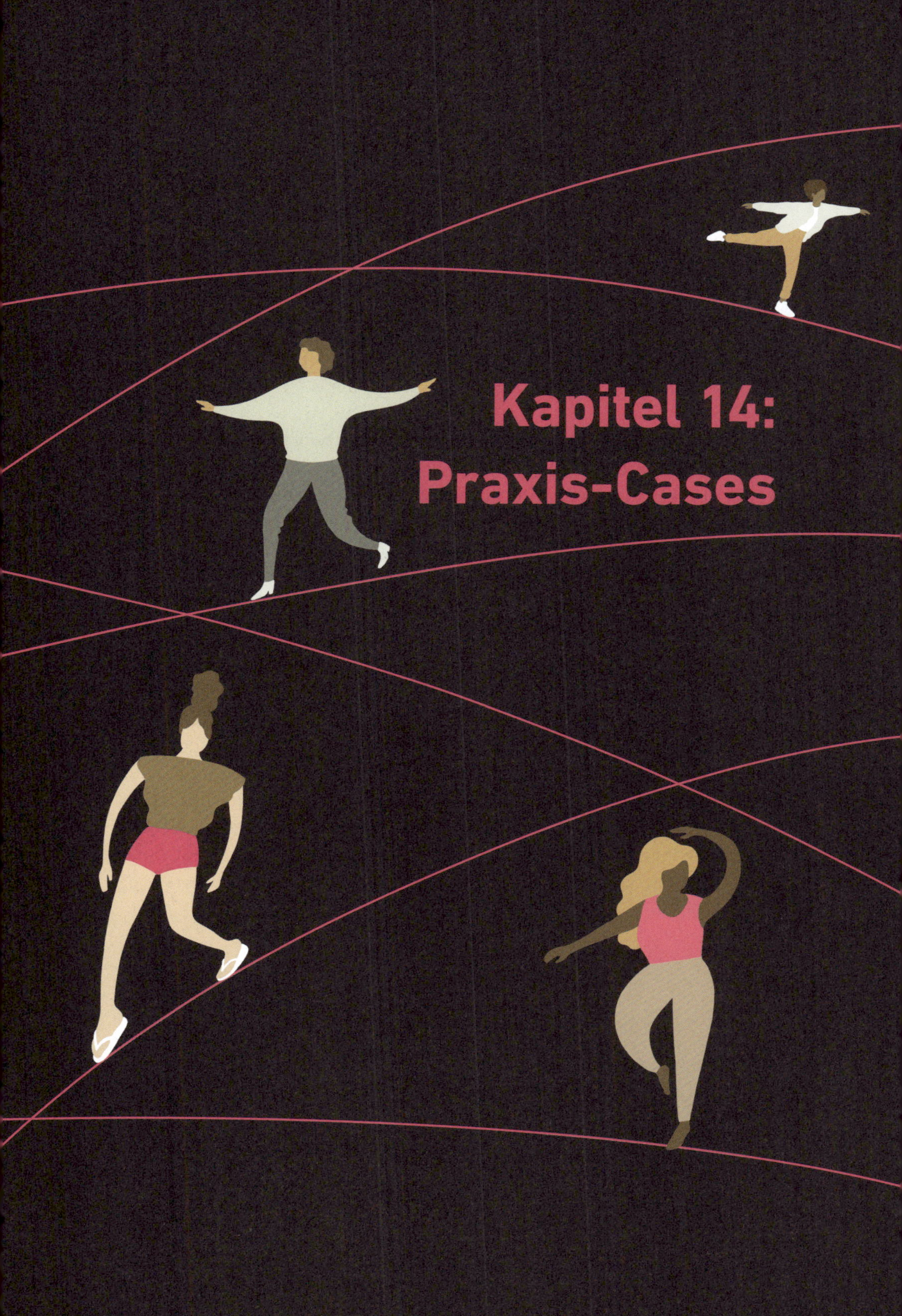

Kapitel 14: Praxis-Cases

Lemonade: “Being the good guys”

Ein Gespräch mit Tamir Jerby, Vice President Growth bei Lemonade

Tamir ist VP Growth bei Lemonade und verantwortet das weltweite Wachstum des US-Versicherers. Wir haben uns vor einigen Jahren kennengelernt und seitdem immer wieder zusammengearbeitet. In unserem Gespräch über Vertrauen bei Lemonade im August 2021 sagte Tamir einen ganz bestimmten Satz, den ich noch aus unserem ersten Gespräch vor einigen Jahren im Ohr hatte. Für mich beschreibt dieser Satz sehr gut, was Lemonade als Versicherer besonders macht: **„We want to be the good guys.“**

Für Tamir ist Vertrauen grundlegend – und das sowohl privat als auch beruflich. „Fast alle wichtigen Entscheidungen im Leben basieren auf Vertrauen. Du heiratest jemanden, weil du darauf vertraust, dass ihr zusammen ein gutes Leben habt und euch gegenseitig glücklich machen könnt. Du entscheidest dich für eine Universität, weil du darauf vertraust, dass du dort die Fähigkeiten lernst, die du später brauchen wirst.“ Und während nicht alle Unternehmen gleichermaßen auf das Vertrauen ihrer Kund:innen angewiesen sind, steht für Tamir fest, dass speziell in der Versicherungsindustrie Vertrauen einfach alles ist.

Die meistgeliebte Versicherung der Welt werden

Tamir begleitet Lemonade bereits seit der Anfangszeit des noch jungen Unternehmens, dessen Vision es ist, die meistgeliebte Versicherung der Welt zu werden. Um das zu schaffen, war von Beginn an klar: „Das können wir nur schaffen, wenn wir die Konflikte zwischen uns als Versicherung und unseren Kund:innen lösen“. Damit meint Tamir vor allem die bestehenden **Konflikte im Schadenfall, in dem die Kund:innen ihren Versicherern häufig nicht vertrauen – aber auch die Versicherer ihren Kund:innen nicht.** Das Misstrauen ist also beidseitig.

Wie Lemonade die Interessenkonflikte zwischen sich und ihren Kund:innen löst, habe ich bereits in Kapitel 5 beschrieben: Das herkömmliche Versicherungs-Geschäftsmodell sieht vor, dass Kund:innen Prämien an die Versicherer zahlen – und diese dafür die Schäden ihrer Kund:innen bezahlen. Und zwar von ihrem eigenen Geld. Dieser Aspekt ist wichtig – denn je mehr die Versicherer für die Schäden ihrer Kund:innen bezahlen, desto weniger bleibt ihnen für sich selbst. Hier besteht also ein Interessenkonflikt. Lemonade behält nur einen fixen Anteil der Prämien für sich selbst, um die eigenen Kosten zu decken, und gibt das übrige Geld in einen separaten Topf, aus dem über das Jahr hinweg alle Schäden bezahlt werden. Das Geld in dem Topf gehört nicht Lemonade und es wird nie Lemonade gehören. Wenn am Jahresende Geld übrigbleibt, geht dieser Betrag an verschiedene wohltätige Organisationen, die von den Kund:innen selbst ausgewählt wurden. Weil Lemonade also die Schäden ihrer Kund:innen mit Geld bezahlt, das ihnen nie gehört hat und auch nie ihnen gehören wird, besteht für sie kein Interessenkonflikt und sie tun sich leichter, im Schadenfall im Sinne ihrer Kund:innen zu handeln. Und auch die Kund:innen werden dadurch vertrauenswürdiger. Denn ungerechtfertigte Schadenzahlungen gehen nicht zulasten des Versicherers, sondern zulasten der selbst ausgewählten Wohltätigkeitsorganisation.

Zusätzlich zur Schadensituation, arbeitet Lemonade daran, das Vertrauen ihrer Kund:innen möglichst in jedem Touchpoint zu stärken. „Ein Touchpoint ist dann positiv, wenn es uns gelingt, darin Vertrauen aufzubauen". Um das zu erreichen, braucht es Kund:innenerlebnisse, die nicht nur funktionieren, sondern darüber hinaus begeistern. Besonders wichtig ist für Kund:innen dabei auch die Auswahl des Versicherungsprodukts. „Kund:innen müssen uns vertrauen können, dass wir die richtige Absicherung für sie haben. Die wollen sich nicht mit den Details beschäftigen. Also wollen sie uns vertrauen können, dass wir das passende Produkt für sie haben".

Das System funktioniert – aber auch bei Lemonade entsteht Vertrauen nicht auf Knopfdruck. „Zu Beginn glauben die Nutzer:innen häufig gar nicht, dass das alles wahr sein kann. Dass wir wirklich Schäden in drei Sekunden zahlen. Oder dass wir so viel Geld spenden." Das Vertrauen muss schrittweise verdient werden – Interaktion für Interaktion. Dass es letztendlich aber funktioniert, zeigt sich im Verhalten der Kund:innen: Etwa in positiven Tweets und Reviews. „In den App-Stores haben wir bessere Rankings als Netflix und Spotify! Und wir haben keine Filme oder Musik. Wir haben Versicherungen!" Als Indiz für das Vertrauen ihrer Kund:innen nutzt Lemonade zudem bewährte Metriken, wie den *Net Promoter Score (NPS)*, für den Kund:innen gefragt werden, wie wahrscheinlich es ist, dass sie das Unternehmen weiterempfehlen.[124] Tamir interessiert dabei insbesondere auch der NPS derjenigen Kund:innen, deren Schadenmeldungen abgelehnt wurden. „Wenn die uns trotzdem gut bewerten, bedeutet das, dass sie unsere Entscheidung nachvollziehen können".

Top Vertrauens-Mechanismen für Lemonade

Lemonades Ansatz zur Entwicklung von Kund:innenvertrauen besteht ganz wesentlich in der Reduktion von Interessenkonflikten. Das haben wir hier und in Kapitel 5 bereits ausführlich besprochen. Darüber hinaus setzt das Unternehmen aber auf weitere Mechanismen zur Stärkung des Kund:innenvertrauens – etwa auf die Folgenden:

Benevolenz | Du bist mir wichtig. Dieser Aspekt war Tamir in unserem Gespräch besonders wichtig. Dass es bei Lemonade in jeder Business-Entscheidung und in jedem Kund:innen-Touchpoint primär darum gehen muss, Kund:innen glücklich zu machen, sei tief in der Unternehmenskultur verankert. Und damit untrennbar von der Marke Lemonade. „Wenn du eine Marke aufbaust, läufst du nicht mehr kurzfristigen Opportunitäten hinterher, sondern du tust, was gut für die Marke ist. Und das ist untrennbar davon, was Kund:innen glücklich macht."

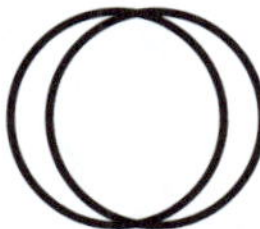

Integrität | Ich bin, wie es scheint. In der Kommunikation nach außen setzt Lemonade ganz explizit auf Ehrlichkeit – und das auch im Marketing. So wirbt das Unternehmen beispielsweise in Deutschland mit dem Slogan: *Die (fast) perfekte Hausratversicherung.* „Wir wollen ehrlich sein und das heißt, dass wir über Gutes und über Schlechtes sprechen". Entsprechend finden sich in ihrem Blog auch Beiträge über falsche Entscheidungen. Und die Ehrlichkeit muss sich auch in der direkten Kommunikation zu Kund:innen widerspiegeln: „Manchmal gibt es eben Probleme. Dann ist es umso wichtiger, offen und direkt zu sein. Kund:innen dürfen auf keinen Fall das Gefühl haben, dass wir etwas verstecken würden".

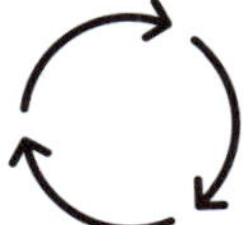

Kontinuität | Ich kann es immer wieder. Kontinuität heißt für Tamir nicht, dass es zwangsläufig viele Touchpoints braucht. „Du musst wissen, wer du bist. Wenn du eine Versicherung bist, wollen die Leute einfach nicht ständig von dir hören". Umso wichtiger ist es für Versicherungen, in jedem der wichtigen Touchpoints zu glänzen – und dabei immer wieder eine konsistente Erfahrung zu schaffen. „Als Kund:in will ich erleben, dass ich immer mit demselben Unternehmen spreche – egal ob über die Website, App, per Telefon oder wie auch immer". Dafür braucht es eine starke Marke, die sich „wie ein Regenschirm" über alles spannt, womit das Unternehmen mit ihren Kund:innen in Interaktion tritt.

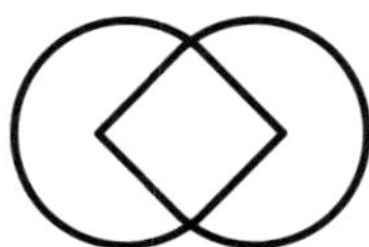

Reziprozität | Ich vertraue dir auch. Vertrauen ist für Tamir immer auch eine Frage der Beziehung. „Für uns ist wichtig, unseren Kund:innen von Beginn an klarzumachen, welche Art von Beziehung wir hier haben." Dafür versucht Lemonade, auch ihren Kund:innen gegenüber ins Vertrauen zu gehen. Etwa im Antragsprozess. „Wir bitten unsere Kund:innen, uns im Antragsprozess zu bestätigen, dass die angegebenen Informationen der Wahrheit entsprechen. Aber das reicht uns dann auch. Wenn du sagst, das stimmt, dann stimmt das. Wir überprüfen das nicht nochmals. Das ist die Art von Beziehung, die wir mit unseren Kund:innen haben möchten."

UNICEF: „Vertrauen ist das Wichtigste, das wir haben."

Ein Gespräch mit Kerstin Bücker,
Head Communications and Child Rights
bei UNICEF Germany

Kerstin leitet bei UNICEF Deutschland den Bereich Kommunikation und Kinderrechte. Wir haben uns im Juli 2021 getroffen, um darüber zu sprechen, welche Rolle das Thema Vertrauen für UNICEF spielt. **„Vertrauen ist das Wichtigste, das wir haben"** sagte Kerstin gleich zu Beginn unseres Gesprächs. Und auch im weiteren Verlauf unserer Unterhaltung wurde sehr deutlich, dass das Thema Vertrauen für UNICEF sowohl strategisch bedeutsam ist als auch die tägliche Arbeit der Organisation mitbestimmt.

Um zu helfen, braucht UNICEF das Vertrauen der Spender:innen.

Um Kindern weltweit effektiv helfen zu können, braucht UNICEF das Vertrauen zahlreicher Unterstützer:innen und Spender:innen. Sie müssen vor allem in die Wirksamkeit der Hilfsprojekte vertrauen können: „Dass wir immer genau dort hingehen, wo es den Kindern am schlechtesten geht" – und dass darüber hinaus sichergestellt wird, dass das Geld an der richtigen Stelle ankommt, es wie vereinbart verwendet wird und die damit erzielten Fortschritte kontinuierlich kontrolliert werden. Zusätzlich braucht es aber Vertrauen in weiteren Bereichen: Angefangen mit der Qualität der kommunizierten Informationen, über die Effizienz der Verwaltung bis hin zur Unabhängigkeit des Mandats von UNICEF, das sich ausschließlich und klar erkennbar am Kindeswohl ausrichtet und keine versteckte politische, religiöse oder weltanschauliche Agenda hat.

Um an der Entwicklung des Vertrauens arbeiten zu können, braucht es zunächst ein Verständnis des jeweiligen Status quo. Dafür führt UNICEF regelmäßig Befragungen im Bevölkerungsquerschnitt durch, beispielsweise mit Fragen zur Kompetenz (z. B. *Schafft die Organisation, was sie sich vornimmt?)*, zu den Absichten der Organisation (*z. B. Wissen Sie, welche Ziele die Organisation verfolgt?)* und zur Bekanntheit und Vertrautheit von UNICEF (*z. B. Kennen Sie die Organisation?)*. Die Ergebnisse bestätigen dabei immer wieder, dass das Vertrauen in UNICEF ein wesentlicher Treiber für die Unterstützungsbereitschaft und letztendlich auch für die Höhe der Spenden ist. **Je mehr Vertrauen, desto größer also die Bereitschaft zu spenden oder sich ehrenamtlich einzubringen.**

Wie hoch das Vertrauen ist, spiegelt sich, so Kerstin, aber nicht nur in der Höhe der Spenden, sondern darüber hinaus auch in der Art der Spenden wider. So kann die Unterstützung von regelmäßigen, projektübergreifenden Formaten, wie der UNICEF Patenschaft, tendenziell als Zeichen von hohem Vertrauen bewertet werden. Dazu haben sich in Deutschland bereits mehr als 300.000 Spender:innen entschieden, die jeden Monat einen festen Beitrag leisten. Das Vertrauen in UNICEF ist hierbei so groß, dass die Spender:innen die Entscheidung, wo genau das Geld eingesetzt wird, bewusst an die Organisation übertragen. Für andere Formate, wie etwa der Finanzierung bestimmter Hilfsgüter über einen „Spendenshop", ist vergleichsweise weniger Vertrauen notwendig, weil die Spender:innen sehr genau wissen, wofür ihr Geld verwendet wird. Solche Formate sind vergleichsweise niedrigschwellig und ermöglichen es Spender:innen, UNICEF zunächst kennenzulernen. „Wenn wir dann einen guten Job machen und auch belegen, was wir mit dem Geld erreicht haben, dann wächst auch die Bereitschaft für eine längerfristige Unterstützung."

Zudem äußern sich die unterschiedlichen Vertrauens-Niveaus der Spender:innen auch in ihrem Informationsbedürfnis, das sehr unterschiedlich ausfallen kann. Während einige Spender:innen gar keine Informationen zum Einsatz ihrer Spenden haben möchten, fragen andere sehr genau nach – etwa per Telefon und immer häufiger über soziale Medien. Auch im Sinne der Vertrauensbildung ist es für Kerstin dabei besonders wichtig, solche Nachfragen sehr ernst zu nehmen – und sie schnell und sorgfältig zu beantworten. In der Tendenz zeigt sich, dass mit der Höhe der Summen auch eine höhere Nachfrage nach detaillierten Informationen einhergeht. Je höher die Spenden, desto größer das Bedürfnis, die Details zu verstehen. Bei sehr hohen Spenden machen sich manche Spender:innen auch persönlich vor Ort ein Bild von den Hilfsprojekten. Dabei informieren sich viele vor allem am Anfang, bevor sie sich für eine Organisation entscheiden, sehr intensiv.

Top Vertrauens-Mechanismen für UNICEF

Im Gespräch mit Kerstin waren wir uns schnell einig, dass für UNICEF alle zehn Vertrauensmechanismen wichtig sind und sich auch in der Vertrauensarbeit von UNICEF widerspiegeln. Die folgenden Mechanismen sind dabei vielleicht besonders wichtig:

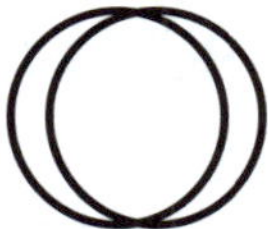

Ich bin, wie es scheint | Integrität. Die Bewahrung der Integrität erfordert, so Kerstin, insbesondere sorgfältige Kommunikation. „Wenn wir zum Beispiel gefragt werden, warum UNICEF in den Programmländern mit Geländefahrzeugen unterwegs ist, dann gilt es das zu erklären. Dass man mit anderen Fahrzeugen dort nicht vorwärtskommt und dass die Fahrzeuge aus Sicherheitsgründen Satellitenfunk brauchen." Wichtig ist UNICEF auch, dass Texte und Bilder informativ und nie aufdringlich sind." Und dass alle Partner sorgfältig ausgewählt werden. Zentral ist auch, das UN-Mandat und die Werte der Organisation immer wieder zu erklären: „Dass es eine große Stärke ist, dass wir Teil der Vereinten Nationen sind. Dass wir politisch neutral sind, deshalb viel für Kinder bewegen können, Einfluss auf Regierungen haben – aber gleichzeitig auch diplomatisch sein müssen, damit man uns weiter zuhört."

Ich kann es | Fähigkeit. Die Expertise von UNICEF muss immer wieder aufs Neue bewiesen werden – etwa durch Interviews mit den Mitarbeitenden vor Ort. Durch Berichte über die Teams und ihre Arbeit in den Hilfsprojekten werden die Fähigkeiten erst erlebbar. „Weil es sonst oft schwer vorstellbar ist, wie man bei einer Überschwemmung im Mosambik mit tausenden Obdachlosen schnell Strukturen schaffen und den Kindern helfen kann." Um Vertrauen zu bekommen, ist es für UNICEF wichtig, diese Kompetenz sowie nachvollziehbares Wissen über die Lage vor Ort zu zeigen. Hier helfen auch umfassende Studien und Reports, die die Organisation regelmäßig veröffentlicht.

Es gibt Konsequenzen | Karma. UNICEF unterstellt sich den Anforderungen und Fragen einiger Qualitätssiegel wie beispielsweise dem DZI Spendensiegel und unterstützt aktiv externe Untersuchungen bei Hilfsorganisationen – „weil wir sagen: Wir wollen auch wissen, was wir besser machen können". Dabei werden beispielsweise die Informationspolitik und die Governance-Strukturen der Hilfsorganisationen geprüft. Das sind, so Kerstin, Mechanismen, die helfen Transparenz und Qualitätsstandards zu beweisen – und dadurch auch die Vertrauenswürdigkeit.

Andere kennen mich | Reputation. „Wir glauben, dass es für die Vertrauensbildung eine wichtige Rolle spielt, wenn man Menschen persönlich kennt, die sich für UNICEF engagieren." Besonders zentral sind hier die ehrenamtlich für UNICEF Engagierten. Sie setzen in über 200 Städten Aktionen um, gehen an Schulen oder verkaufen Grußkarten. „UNICEF ist übrigens die einzige UN-Organisation, in der man ehrenamtlich mitwirken kann", so Kerstin. „Dass sich die Organisation so öffnet, schafft zusätzlich Vertrauen."

Trusted Shops: „Vertrauen entwickeln im digitalen Zeitalter“

Ein Gespräch mit David Chau, Executive Director bei Trusted Shops

David Chau ist Executive Director bei Trusted Shops und kümmert sich um die internationale Weiterentwicklung des Unternehmens. Wir haben uns im Frühling 2021 bei einem Roundtable-Event kennengelernt, bei dem wir gemeinsam verschiedene Mechanismen zur Entwicklung von Kund:innenvertrauen vorgestellt und diskutiert haben. Einige Monate später hat sich David dankenswerterweise nochmals Zeit genommen, um mit mir persönlich und im Detail über seine Arbeit bei Trusted Shops zu sprechen und darüber, welche Rolle das Thema Vertrauen für Trusted Shops spielt. Ich fand unser Gespräch besonders spannend, weil es zeigte, wie sehr sich das Vertrauen im Internet in den letzten beiden Jahrzehnten weiterentwickelt hat – und dass sich verändernde Vertrauensprobleme für Unternehmen Chancen mit sich bringen.

Wenn David über Vertrauen spricht, leuchten seine Augen. David ist Ingenieur und ein erfahrener Manager – und trotzdem merkt man ihm auch eine gewisse Leidenschaft für sozialwissenschaftliche Perspektiven an. Für ihn steht das Konstrukt Vertrauen im Mittelpunkt seiner Arbeit. **Im Kern geht es für ihn bei Trusted Shops darum, Vertrauensprobleme im digitalen Zeitalter zu lösen.** Das macht das Unternehmen nun bereits seit mehr als 20 Jahren – eine Zeit, in der sich das Vertrauen im Internet deutlich verändert hat. Während Kund:innen in der Anfangszeit des E-Commerce vor allem die Sorge umtrieb, ob sie die bestellte Ware tatsächlich bekommen würden – oder alternativ ihr Geld zurück, treiben Online-Kund:innen heute ganz andere Fragen um: *Was passiert mit meinen Daten? Kann ich die Ware problemlos retournieren?* Und immer mehr auch: *Vertritt das Unternehmen meine Werte?*

Von Expert:inneneinschätzungen zu Peer-Bewertungen

Als David vor zehn Jahren zu Trusted Shops kam, hatte sich das Unternehmen bereits als vertrauensgebende Instanz im Internet etabliert. Das Trusted Shops Gütesiegel war im deutschsprachigen Raum zu einer Konstante des Online-Shoppings geworden: Es tauchte über unterschiedlichste Online-Shops hinweg immer und immer wieder auf, um Kund:innen zu signalisieren: *Expert:innen haben diesen Shop geprüft und zertifiziert. Alles in Ordnung also.* Diese Einschätzung und Zertifizierung durch neutrale Expertise wird von Konsument:innen bis heute nachgefragt und hilft Online-Shops, ihre Vertrauenswürdigkeit zu kommunizieren. Gleichzeitig stützen Online-User ihre Entscheidungen im Internet in den letzten Jahren immer stärker auf die Online-Bewertungen anderer Kund:innen – anstatt nur auf Einschätzungen von Expert:innen. Die vertrauensgebenden Mechanismen des Internets veränderten sich. Für David ist dies ein Symptom eines größeren gesellschaftlichen Phänomens: **„Vertrauen funktioniert immer stärker dezentral. Während Menschen ihr Vertrauen in der Vergangenheit stark auf Institutionen und Marken stützten, wollen sie heute wissen, was andere Menschen, die in ganz ähnlichen Situationen sind wie sie selbst, von der Sache halten."**

Trusted Shops reagierte und stellte Kund:innenbewertungen stärker in den Vordergrund. Heute knüpft Trusted Shops die Vergabe ihres Siegels nicht nur an die Erfüllung rechtlicher Kriterien, sondern auch an Kund:innenbewertungen. Zudem hilft Trusted Shops Unternehmen dabei, Kund:innenbewertungen sinnvoll einzusammeln und dann effektiv sowohl zur Verbesserung der eigenen Produkte, Services und Prozesse als auch zur Vermarktung zu nutzen. Als neutraler Partner übernimmt Trusted Shops dabei die Verantwortung für die Authentizität der Kund:innenbewertungen, etwa indem sichergestellt wird, dass Bewertungen nur von echten Kund:innen abgegeben werden können, die das bewertete Produkt auch gekauft haben. Es leuchtet ein, dass Trusted Shops als neutrale Instanz für das Sammeln, Auswerten und Kommunizieren von Kund:innenbewertungen glaubwürdiger sein kann als der jeweilige Hersteller oder Händler selbst.

Das Ziel sind Fünf-Sterne-Unternehmen

David sieht im Trend zu einer steigenden Relevanz von Kund:innenbewertungen große Chancen, die seinem Unternehmen über den E-Commerce hinaus Zugang zu weiteren Branchen eröffnen. Denn während das Trusted Shops Gütesiegel maßgeblich im E-Commerce Verwendung findet, sind Bewertungen grundsätzlich für alle Unternehmen relevant. Und das sowohl von Kund:innen, als auch von anderen Stakeholder:innen wie etwa Mitarbeiter:innen oder Geschäftspartner:innen. Dabei haben, so erzählt David, immer mehr Unternehmen erkannt, dass sich die einzelnen Stakeholder-Gruppen gegenseitig beeinflussen. Wer fünf Sterne von seinen Kund:innen will, schafft das nur durch Fünf-Sterne-Mitarbeiter:innenbewertungen, Vertriebspartner:innenbewertungen usw. **„Indem wir alle relevanten Stakeholder:innen in den für die Entwicklung von Vertrauen wichtigsten Situationen auf effektive Weise um Feedback bitten, schaffen wir eine starke Basis für die Entwicklung von Vertrauen."**

Davids Ziel sind 5-Sterne-Unternehmen. Unternehmen also, die fünf Sterne bekommen – und das am besten von allen Stakeholder-Gruppen und das in allen relevanten Situationen oder Kontaktpunkten. Dabei funktionieren kurze Feedbackabfragen in der jeweiligen Situation deutlich besser als lange Umfragen. Sowohl für Unternehmen, die dadurch aussagekräftigere Daten sammeln, als auch für Kund:innen, die sich durch Real-time-Feedbackabfragen kontinuierlich gehört und wertgeschätzt fühlen. Die Fünf-Sterne-Bewertung ist dabei zu einem Standard geworden, der beim Einsammeln von Bewertungen und bei der Kommunikation der Ergebnisse leicht verständlich ist und damit eine einfache Einschätzung der Vertrauenswürdigkeit ermöglicht.

Top Vertrauens-Mechanismen für Trusted Shops

In unserem Gespräch haben wir gemeinsam die folgenden drei Top-Mechanismen für die Entwicklung von Vertrauen durch die Lösungen von Trusted Shops herausgearbeitet: Reputation, Kontinuität und Integrität.

Reputation | Andere kennen mich. Trusted Shops signalisiert die Vertrauenswürdigkeit von Online-Shops – zunächst durch das eigene Expert:innenurteil und immer mehr durch das Sammeln, Aggregieren und Kommunizieren von Kund:innenbewertungen. So erhalten Interner-User soziale Informationen darüber, wie Expert:innen oder Peers die Vertrauenswürdigkeit des jeweiligen Online-Shops einschätzen.

Kontinuität | Ich kann es immer wieder. Das Trusted Shops Gütesiegel taucht für Online- Kund:innen in den unterschiedlichsten Shops immer und immer wieder auf dieselbe Art und Weise auf – und schafft so Kontinuität über einzelne Shops hinweg. Auch das kontinuierliche Einsammeln und Ausspielen von Kund:innenbewertungen entlang aller Interaktionen mit einem Unternehmen schafft Vertrauen, weil dadurch immer und immer wieder impliziert wird: *Wir sind daran interessiert, wie du uns bewertest.* Und: *Andere User bewerten uns positiv.*

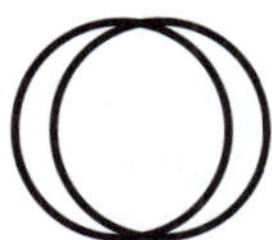

Integrität | Ich bin, wie es scheint. Sowohl Expert:innenurteile als auch Peer-Bewertungen sind nur dann glaubhaft und können nur dann Vertrauen stärken, wenn sie authentisch sind. Integrität ist für Trusted Shops somit ein wesentlicher Hygienefaktor, den das Unternehmen auch in der Zusammenarbeit mit seinen Partnerunternehmen in den Vordergrund stellt. Insbesondere bei der Vermarktung von Kund:innenbewertungen ist unbedingt darauf zu achten, dass diese authentisch und somit glaubhaft sind.

Die Post: „Vertrauen ist der strategische rote Faden."

Ein Gespräch mit Alexander Fleischer, Leiter Kommunikation bei der Schweizerischen Post

Alexander leitet den Bereich Kommunikation der Schweizerischen Post und verantwortet dabei alle internen und externen Kommunikationskanäle, über welche die Post mit ihren Kund:innen, Mitarbeiter:innen und anderen Stakeholdern spricht. Dass das Thema Vertrauen für Alexander dabei besonders wichtig ist, wusste ich bereits vor unserem Gespräch im August 2021: Wir hatten uns einige Monate vorher auf einer Veranstaltung kennengelernt, auf der wir bereits die Rolle von Vertrauen und Reputation für Unternehmen diskutiert hatten.

Für Alexander ist die Frage nach dem Vertrauen vor allem eine strategische. **„Es geht darum, worin uns die Menschen heute vertrauen – aber auch darum, worin sie uns in einigen Jahren vertrauen werden."** Dabei ist das Vertrauen in die Post heute zunächst sehr groß. Es zeigt sich etwa, wenn Menschen ihre Liebesbriefe in die Hände der Post geben – und damit auch das Schicksal ihrer Liebesbeziehung. Und genauso auch, wenn Unternehmen ihre Rechnungen über die Post zustellen oder Gerichte ihre Vorladungen. „Die Menschen vertrauen sowohl in unsere Kompetenzen, dass wir die Post verlässlich zustellen, als auch in unsere Integrität, dass keiner mitliest." Gleichzeitig ist auch der Bedarf der Post für Vertrauen besonders groß – zumal die Organisation über viele sehr sensible persönliche Daten verfügt – etwa die korrekten Adressen aller Personen und Unternehmen in der Schweiz. Und noch mehr: „Wir sind täglich an jedem Haus. Wir wissen zumindest theoretisch viel über die Menschen: Wann sie zu Hause sind, mit wem sie kommunizieren. Hier müssen wir sicherstellen, dass das auch in Zukunft nicht missbraucht wird."

Vertrauens-Transfer in die digitale Welt

Trotz dieser zunächst positiven Vertrauensbilanz macht sich Alexander auch Sorgen darüber, dass dieses Vertrauen in der Zukunft nicht mehr ausreichen wird. „Wir dürfen einfach nicht davon ausgehen, dass nur weil man uns in einigen Bereichen sehr vertraut, dies dann automatisch auch für andere Bereiche gilt. Aus Sicht der Kund:innen ist es etwas anderes, ob ich einen Brief von der Post bekomme oder ob es um elektronische Daten geht." Dass es der Post gelingt, in digitalen Kontexten Vertrauen aufzubauen, ist für Alexander dabei entscheidend für den zukünftigen Erfolg der Organisation. **„Für uns stellt sich jetzt die Frage, wie wir auch in einer digitalen Welt eine wichtige Rolle im Leben der Menschen spielen können.** Wie wir die Leistungen, die wir heute physisch erbringen, in Zukunft digital erbringen können. Und ob wir dafür das notwendige Vertrauen bekommen. Wenn wir es nicht schaffen sollten, unser Vertrauen vom Physischen ins Digitale zu transferieren, wird es uns in 30–40 Jahren nicht mehr geben."

Alexander ist zuversichtlich, dass es der Post gelingen kann, über ihr Kerngeschäft hinaus Vertrauen insbesondere für neue digitale Wertangebote aufzubauen. Dafür braucht es zunächst einmal neue Kompetenzen – etwa in den Bereichen Datensicherheit, Cloud-Technologie und Transportsicherheit. Die möchte die Post überwiegend über Akquisitionen und durch die Rekrutierung bestimmter Mitarbeiter:innenprofile aufbauen. „Letztendlich steht dabei immer die Frage im Mittelpunkt, wie wir unser Markenprofil so weiterentwickeln können, dass das in der digitalen Welt notwendige Vertrauen möglich wird." Besonders herausfordernd ist dabei, dass diese digitale Welt insgesamt weniger gut kontrollierbar ist als die physische Welt. „IT-Sicherheit ist ein laufender Prozess der Anpassung. Im Physischen kann man durch Fleiß und gute Systeme fast bis zu 100-Prozentige Zuverlässigkeit erreichen. Das geht im Digitalen eben nicht". Um trotzdem vertrauenswürdig zu sein, gilt es, Enttäuschungen auch durch das Wecken der richtigen Erwartungen vorzubeugen. Das macht die Post beispielsweise durch öffentliche Bug-Bounty-Programme, bei denen Hacker eingeladen werden, Sicherheitslücken zu finden. „Damit kommunizieren wir ganz offen: 100-prozentige Sicherheit gibt es nicht.

Sicherheit ist ein Lernprozess, an dessen Anfang ein Fehler steht. Und wir versuchen alles, um die Auswirkungen dieser Fehler möglichst klein zu halten." Und schließlich braucht es für die Weiterentwicklung des Vertrauens in die Post für Alexander vor allem auch Haltung. „Unsere Werte und Absichten müssen klar sein. Die Leute brauchen ein Verständnis, wo unsere rote Linie verläuft – was wir machen und was nicht. Dann können sie sich entscheiden, ob diese Haltung für sie passt oder nicht."

Die Top-Vertrauensmechanismen für die Post

Zur Weiterentwicklung des Kund:innenvertrauens setzt die Post insbesondere auf die Erweiterung ihres Kompetenzprofils. Darüber hinaus haben wir in unserem Gespräch drei weitere Mechanismen diskutiert, die für die Vertrauensentwicklung bei der Schweizerischen Post besonders wichtig sind: Integrität, Klarheit und Benevolenz.

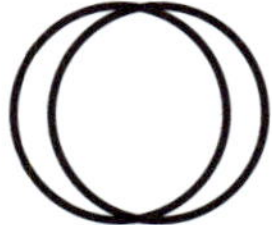

Integrität | Ich bin, wie es scheint. Gerade wenn es darum geht, Vertrauen in einem neuen Bereich aufzubauen, ist es, so Alexander, besonders wichtig, an beiden Enden der Integrität zu arbeiten. Am Schein und am Sein also – an der Kommunikation und an der Realität. Das sieht Alexander im Fall der Post und neuen digitalen Angeboten auch als Chance: „Da scheint ja noch nichts. Das heißt für uns, dass wir gestalten können, wie wir wirken möchten."

Klarheit | Die Situation ist eindeutig. Eine weitere Herausforderung der Post sieht Alexander in der Ambiguitätstoleranz der Kund:innen. „Bisher sind die Kund:innen es gewohnt, dass sie alles, was wir tun, sehr gut verstehen. Wie die Postzustellung funktioniert, ist für jeden Menschen nachvollziehbar." Das ist beispielsweise bei Technologieunternehmen anders, bei denen Kund:innen in der Regel gar nicht erwarten, dass sie deren Angebote im Detail verstehen. „Dass die Dienstleistungen der Post in Zukunft mitunter auch schwerer verständlich sein werden, darauf müssen sich unsere Kund:innen erst einmal einlassen können."

Benevolenz | Du bist mir wichtig. Kund:innen zu vermitteln, dass diese der Post wichtig sind, sieht Alexander als besondere Herausforderung. „Im Bereich der Kund:innenzentrierung müssen wir uns deutlich verbessern". So wurden beispielsweise kürzlich die Leerungszeiten der öffentlichen Briefkästen angepasst. Anstatt abends werden viele der Briefkästen – bis auf einen pro Dorf oder Quartier- nun bereits morgens um zehn Uhr geleert. „Das hätten wir besser erklären müssen, damit nicht der Eindruck entsteht, dass uns die Endkund:innen nicht wichtig sind." Auf ähnliche Weise schafft auch die Digitalisierung immer wieder neue Situationen, in denen sich die Angebote zwar für die Mehrheit verbessern, aber einzelne Personen sich durch die Veränderung nicht abgeholt oder wertgeschätzt fühlen.

Epilog

Das Ende vom Anfang

Geschafft. **Das war VertrauensArchitektur.** Vielen Dank, dass du dieses Buch gelesen hast. Es ist durch die Beobachtung entstanden, dass wir als Unternehmen ganz wesentlich auf das Vertrauen unserer Kund:innen angewiesen sind – uns aber oft das Verständnis darüber fehlt, wie Vertrauen entsteht und die Methoden dazu, wie die Entwicklung von Vertrauen systematisch angegangen werden kann. Ich würde mich ganz besonders freuen, wenn das Buch dazu beiträgt, dass wir in Unternehmen expliziter und systematischer an der Entwicklung des Vertrauens unserer Kund:innen arbeiten. **Dieses Buch soll dich dazu inspirieren, als VertrauensArchitekt:in in deinem individuellen Tätigkeitsfeld mit der Entwicklung von Vertrauen zu beginnen.** Und es soll dir die notwendige inhaltliche und methodische Basis vermitteln, damit deine Vertrauensarbeit auch gelingt.

Um mit deiner VertrauensArchitektur zu beginnen, können dir die Reflexions-Templates in diesem Buch helfen, zunächst dein individuelles Vertrauens-Zielbild zu definieren und Ideen für geeignete Vertrauens-Interventionen zu entwickeln. Die Templates aus diesem Buch stelle ich dir auch auf www.vertrauensarchitektur.de zum Download und Druck für deine Vertrauens-Workshops bereit. Falls du Feedback zum Buch hast, kannst du mich gern über die Website kontaktieren oder an eric@vertrauensarchitektur.de schreiben.

Eine Bitte zum Schluss: Nachdem wir die Wichtigkeit von Kund:innenbewertungen in Kapitel 11 ausführlich besprochen haben, würde ich mich freuen, wenn du VertrauensArchitektur bei Amazon oder der Buchhandlung deiner Wahl bewertest.

Jetzt wünsche ich dir viel Erfolg und Freude bei der Anwendung von VertrauensArchitektur.

All the world is made of faith,
and trust, and pixie dust.

J. M. Barrie, Peter Pan

Über uns

Susanne Asheuer

Susanne ist freie Illustratorin und Kommunikationsdesignerin und lebt in Berlin. Sie hat an der FHTW Berlin Kommunikationsdesign und am Hasso Plattner Institut in Potsdam Design studiert. Seit 2008 konzipiert und illustriert sie lebhafte Visualisierungen für Unternehmen und Organisationen diverser Größen und Branchen. Außerdem produziert sie mit einem Team kurze Animationsvideos zu kommunikativen Zwecken. Gelegentlich ist sie als Dozentin unterwegs und gibt Workshops.

Kontakt:

huhu@susanneasheuer.com | www.susanneasheuer.com

Dr. Eric Eller

Eric lebt gemeinsam mit seiner Frau und seinen beiden Söhnen in München. Er ist Sozialpsychologe und hat an der Ludwig-Maximilians-Universität München zu Entscheidungen promoviert. Bei der Unternehmensberatung *elaboratum* treibt er den Ausbau der Behavioral Design Unit voran, die Unternehmen bei der Verbesserung der Kund:innenerfahrung durch Anwendung psychologischer Erkenntnisse unterstützt. Vorher war er als Innovationsmanager in internationalen Konzernen tätig. Eric ist Dozent an verschiedenen Hochschulen und hält regelmäßig Vorträge.

Kontakt:

eric@vertrauensarchitektur.de | www.vertrauensarchitektur.de

Danke

Die Idee für dieses Buch trage ich schon eine ganze Weile mit mir herum. Dass das Buch nun wirklich entstehen konnte und dann auch noch so geworden ist, wie ich es mir irgendwann einmal ausgemalt hatte, verdanke ich vielen Menschen, die mir dabei geholfen haben. **Vielen herzlichen Dank dafür.**

Anke Humphrey hat dieses Buch als Lektorin begleitet. Ich danke ihr und dem **Vahlen Verlag** für die Entscheidung, dieses Buch zu unterstützen – und für die tolle Zusammenarbeit bei der Umsetzung. Danke für die vielen Freiheiten und die Offenheit für neue Ideen.

Susanne Asheuer hat mit ihren großartigen Illustrationen VertrauensArchitektur als Buch erst zum Leben erweckt. Danke für die viele Freude, die großartige Zusammenarbeit, deinen Perfektionismus und die Liebe fürs Detail.

Jascha Prosiegel hat mich mit unzähligen Sparring-, Feedback- und Korrekturschleifen seit dem frühen Beginn der Idee für dieses Buch begleitet. Danke dafür.

Prof. Dr. Dieter Frey, Dr. Philipp Spreer, Dr. Dirk Franssens, Rainer Volland, Ass.-Prof. Dr. Sandra Diller, Fabian Reinkemeier, Laura Eller, Aline Hertsch und **Ursula Voß** danke ich für das wertvolle Feedback zum Manuskript.

Dr. Rupert Hofmann, Dr. Martin Huthmann, Prof. Dr. Bernhard Streicher, Dr. Rainer Sachs, Prof. Dr. Eva Lermer, Prof. Dr. Thomas Groll, Jens-Ulrich Peter, Michael Knaup, Sebastian Schmidt, Simon Dufour, Wiete Eichhorn, Tim Schlenzig, Timo Burmeister, Florian Schubert, Dr. Thomas Frick und **Michael Hassler** danke ich für die vielen hilfreichen Gespräche zur Buchidee.

Kerstin Bücker, Tamir Jerby, Dr. Alexander Fleischer und **David Chau** danke ich für die spannenden Interviews für dieses Buch über ihre Vertrauensarbeit bei UNICEF, Lemonade, der Schweizerischen Post und bei Trusted Shops.

Rainer Volland, Dr. Philipp Spreer, Manuela Unterbuchner, Marco Schulz, Dr. Julia Meißner, Vanessa Schär, Mirko Lauer, Dr. Patrick Meyer und dem Behavioral Design Team von elaboratum danke ich für die tatkräftige Unterstützung dabei, VertrauensArchitektur in die Anwendung zu bringen.

Annett Deuringer und **Sandra Helfer** danke ich für die professionelle Umsetzung des Layouts dieses Buches. Vielen Dank für die mühevolle Arbeit und Liebe fürs Detail.

Agnes Brunner und **Anja Linnert** danke ich für ihre Hilfe bei der Verlagssuche.

Saskia Roch danke ich für ihre Hilfe zur Realisierung der Praxis-Interviews in diesem Buch.

Und nicht zuletzt danke ich meiner Familie, **Ursula, Emil, Nils, meinen Schwestern und meinen Eltern**, für alles Weitere.

Literatur

Erster Teil: Vertrauen

[1] Reitherman, W. (1967). *Das Dschungelbuch* [Film]. Walt Disney.

[2] Hardin, R. (2002). *Trust and trustworthiness.* Russell Sage Foundation.

[3] Luhmann, N. (2014). *Vertrauen – Ein Mechanismus der Reduktion sozialer Komplexität.* Lucius & Lucius.
Mayer, R., Davis, J. & Schoorman, F. (1995). An integrative model of organizational trust. *Academy of management review, 20*, 709–734.
Rousseau, D., Sitkin, S., Burt, R. & Camerer, C. (1998). Not so different after all: A cross-discipline view of trust. *Academy of management review, 23*, 393–404.

[4] Schirmer, C. & Steppt, S. (2016). *Die Arbeitssituation von angestellten Hebammen in Kliniken*. Deutscher Hebammenverband e.V. Link: https://www.hebammen-nrw.de/cms/fileadmin/redaktion/Aktuelles/pdf/2016/DHV_Hebammenbefragung_Nov_2015_final.pdf

[5] Botsman, R. (2017). *Who can you trust?: How technology brought us together – and why it could drive us apart.* Penguin UK.

[6] Mayer, R., Davis, J. & Schoorman, F. (1995). An integrative model of organizational trust. *Academy of management review, 20*, 709–734.

[7] Lee, D., Sirgy, M., Brown, J. & Bird, M. (2004). Importers' benevolence toward their foreign export suppliers. *Journal of the Academy of Marketing Science, 32*, 32–48.

[8] Reeder, G. & Brewer, M. (1979). A schematic model of dispositional attribution in interpersonal perception. *Psychological Review, 86*, 61–79.

[9] Siegrist, M., Gutscher, H. & Earle, T. (2005). Perception of risk: the influence of general trust, and general confidence. *Journal of Risk Research, 8*, 145–156.

[10] Rousseau, D., Sitkin, S., Burt, R. & Camerer, C. (1998). Not so different after all: A cross-discipline view of trust. *Academy of management review, 23*, 393–404.

[11] Hardin, R. (2002). *Trust and trustworthiness*. Russell Sage Foundation.

[12] Mayer, R., Davis, J. & Schoorman, F. (1995). An integrative model of organizational trust. *Academy of Management Review, 20*, 709–734.

[13] Dunn, P. (2000). The importance of consistency in establishing cognitive-based trust: A laboratory experiment. *Teaching Business Ethics, 4*, 285–306.

[14] Schilke, O. & Huang, L. (2018). Worthy of swift trust? How brief interpersonal contact affects trust accuracy. *Journal of Applied Psychology, 103*, 1181–1197.

[15] Fiedler, M. (2001). Vertrauen ist gut, Kontrolle ist teuer: Vertrauen als Schlüsselkategorie wirtschaftlichen Handelns. *Geschichte und Gesellschaft, 27*, 576–592.

[16] Siau, K. & Shen, Z. (2003). Building customer trust in mobile commerce. *Communications of the ACM, 46*, 91–94.

Zweiter Teil: Wollen

[17] Edelman, R. (2017). *2017 Edelman trust barometer: Global report.* Link: https://www.edelman.de/research/vertrauen-in-die-finanz-branche

[18] Lee, D., Sirgy, M., Brown, J. & Bird, M. (2004). Importers' benevolence toward their foreign export suppliers. *Journal of the Academy of Marketing Science, 32*, 32–48.

[19] Schlenzig, T. (2020). *Der myMONK Podcast* (No. 166) [Audio podcast episode]. Nutze Dein Leben – mit dem Bestatter Eric Wrede. Link: https://open.spotify.com/episode/26EREjEw1Lwg1xnUTFRLtS?si=xu-omgvngRF-bHVIQVCCsiA&dl_branch=1

[20] Brooks, A., Dai, H. & Schweitzer, M. (2014). I'm sorry about the rain! Superfluous apologies demonstrate empathic concern and increase trust. *Social Psychological and Personality Science, 5,* 467–474.

[21] Öztürk, E. & Noorderhaven, N. (2018). Influence of peers' types of trust on trust repair: The role of apologies. *Psychological Studies, 63,* 253–265.

[22] Ferrin, D., Kim, P., Cooper, C. & Dirks, K. (2007). Silence speaks volumes: The effectiveness of reticence in comparison to apology and denial for responding to integrity-and competence-based trust violations. *Journal of Applied Psychology, 92,* 893–908.

[23] Xie, Y. & Peng, S. (2009). How to repair customer trust after negative publicity: The roles of competence, integrity, benevolence, and forgiveness. *Psychology & Marketing, 26,* 572–589.

[24] Gambetta, D. (2000). Can we trust trust? *Trust: Making and breaking cooperative relations, 13,* 213–237.

[25] Mathur, A., Acar, G., Friedman, M., Lucherini, E., Mayer, J., Chetty, M. & Narayanan, A. (2019). Dark patterns at scale: Findings from a crawl of 11K shopping websites. *Proceedings of the ACM on Human-Computer Interaction, 3,* 1–32.

[26] Ions Digital Guide (2020). *Dark Patterns – (be)-trügerisches Interface-Design.* Link: https://www.ionos.de/digitalguide/websites/web-entwicklung/was-sind-dark-patterns/

[27] Reeder, G. & Brewer, M. (1979). A schematic model of dispositional attribution in interpersonal perception. *Psychological Review, 86,* 61–79.

Snyder, M. & Stukas, A., Jr. (1999). Interpersonal processes: The interplay of cognitive, motivational, and behavioral activities in social interaction. *Annual Review of Psychology, 50,* 273–303.

[28] Kim, P., Ferrin, D., Cooper, C. & Dirks, K. (2004). Removing the shadow of suspicion: the effects of apology versus denial for repairing competence-versus integrity-based trust violations. *Journal of applied psychology, 89,* 104–118.

[29] Simons, T. (2002). Behavioral Integrity: The Perceived Alignment between Managers' Words and Deeds as a Research Focus. *Organization Science, 13,* 18–35.

[30] Weines, J., Bondar, M. & Lee, J. (2021). *New models for building digital trust. Deloitte Insights Article.* Link: https://www2.deloitte.com/us/en/insights/topics/digital-transformation/the-importance-of-digital-trust-qa.html?id=us:2sm:3li:4di_gl:5eng:6di#endnote-2

[31] Brock, M. & Müller, M. (2015). *Der Treue ist der Dumme.* Der Spiegel. Link: https://www.spiegel.de/wirtschaft/der-treue-ist-der-dumme-a-3d1b0ed8-0002-0001-0000-000139456057

[32] Ariely, D. & Jones, S. (2008) *Predictably irrational.* HarperCollins.

[33] Ariely, D. (2011) *The upside of irrationality: The Unexpected Benefits of Defying Logic at Work and Home.* HaperCollins.

[34] Ariely, D. (2019). *Designing for trust* [Video]. TED Conferences. Link: https://www.ted.com/talks/dan_ariely_designing_for_trust

[35] Siegrist, M., Earle, T. and Gutscher, H. (2003). Test of a trust and confidence model in the applied context of electromagnetic field (EMF) risks. *Risk Analysis, 23,* 705–716.

Siegrist, M., Gutscher, H. & Earle, T. (2005). Perception of risk: the influence of general trust, and general confidence. *Journal of Risk Research, 8,* 145–156.

[36] Tajfel, H. & Turner, J. (1985). The social identity theory of inter-group behavior. *Psychology of Intergroup Relations,* 6–24.

[37] Hardin, R. (2002). *Trust and trustworthiness.* Russell Sage Foundation.

[38] Rousseau, D., Sitkin, S., Burt, R. & Camerer, C. (1998). Not so different after all: A cross-discipline view of trust. *Academy of management review, 23,* 393–404.

[39] Junger, S. (2016). *Tribe: On homecoming and belonging.* Twelve.

[40] Spehr, M. (2011). *Hat O2 ein Problem?* Frankfurter Allgemeine Zeitung. Link: https://www.faz.net/aktuell/technik-motor/wir-sind-einzelfall-hat-o2-ein-problem-11534715.html

[41] Malone, C. & Fiske, S. (2013). *The human brand: How we relate to people, products, and companies.* John Wiley & Sons.

[42] Botsman, R. (2017). *Who can you trust?: How technology brought us together – and why it could drive us apart.* Penguin UK.

[43] Bohnet, I. & Huck, S. (2004). Repetition and reputation: Implications for trust and trustworthiness when institutions change. *American economic review, 94*, 362–366.

[44] Danheiser, P. & Graziano, W. (1982). Self-monitoring and cooperation as a self-presentational strategy. *Journal of Personality and Social Psychology, 42*, 497–505.

[45] Tucker, A. & Straffin, P. (1983). The mathematics of Tucker: A sampler. *The Two-Year College Mathematics Journal, 14*, 228–232.

[46] Axelrod, R. (1984). *The evaluation of cooperation.* Basic Books.

[47] Yunus, M. (2007). *Banker to the poor: Micro-lending and the battle against world poverty.* PublicAffairs.

[48] Zak, P. (2017). The neuroscience of trust. *Harvard Business Review, 95*, 84–90.

[49] Berg, J., Dickhaut, J. & McCabe, K. (1995). Trust, reciprocity, and social history. *Games and economic behavior, 10*, 122–142.
Engelmann, J., Herrmann, E. & Tomasello, M. (2015). Chimpanzees trust conspecifics to engage in low-cost reciprocity. *Proceedings of the Royal Society B: Biological Sciences, 282*, 1–6.

[50] Kosfeld, M., Heinrichs, M., Zak, P., Fischbacher, U. & Fehr, E. (2005). Oxytocin increases trust in humans. *Nature, 435*, 673–676.
Zak, P. (2011). *Trust, morality – and oxytocin?* [Video]. TED Conferences. Link: https://www.ted.com/talks/paul_zak_trust_morality_and_oxytocin/transcript

[51] Felser, G. (2007). *Werbe- und Konsumentenpsychologie.* Springer.

[52] De Dreu, C., Greer, L., Van Kleef, G., Shalvi, S. & Handgraaf, M. (2011). Oxytocin promotes human ethnocentrism. *Proceedings of the National Academy of Sciences, 108*, 1262–1266.

[53] Botsman, R. (2017). *Who can you trust?: How technology brought us together – and why it could drive us apart.* Penguin UK.

[54] Fehr, E. & Gächter, S. (1998). Reciprocity and economics: The economic implications of homo reciprocans. *European economic review, 42*, 845–859.

[55] Spreer, P., Pfrang, T. & El Kihal, S. (in press). Die Psychologie des Retourenirrsinns. Wie die Verhaltensforschung die Retourenquote senken kann.

[56] Pflaumer, K. *„Kein Hierarchien-Korsett" – Interview mit Hans Thomann.* Link: https://www.wlw.de/de/inside-business/aktuelles/thomann-interview

[57] Potter, W. (2014). *Deal?* Brandeins. Link: https://www.brandeins.de/magazine/brand-eins-wirtschaftsmagazin/2014/vertrauen/deal

[58] Spreer, P. (2018). *PsyConversion*. Springer Fachmedien.

[59] Simons, T. (2002). Behavioral integrity: The perceived alignment between managers' words and deeds as a research focus. *Organization Science*, *13*, 18–35.

[60] Uslaner, E. (2018). *The Oxford handbook of social and political trust.* Oxford University Press.

[61] Hardin, R. (2002). *Trust and trustworthiness.* Russell Sage Foundation.

[62] Ariely, D. (2016). *Dan Ariely's secrets for fostering trust in your organization.* Duke Corporate Education. Link: https://www.dukece.com/insights/dan-ariely-secrets-fostering-trust-your-organization/

Dritter Teil: Können

[63] Mayer, R., Davis, J. & Schoorman, F. (1995). An integrative model of organizational trust. *Academy of management review, 20*, 709–734.
Schoorman, F., Mayer, R. & Davis, J. (2007). An integrative model of organizational trust: Past, present, and future. *Academy of Management review, 32*, 344–354.

[64] Xie, Y. & Peng, S. (2009). How to repair customer trust after negative publicity: The roles of competence, integrity, benevolence, and forgiveness. *Psychology & Marketing*, *26*, 572–589.

[65] Connelly, B., Crook, T., Combs, J., Ketchen, D. & Aguinis, H. (2018). Competence- and integrity-based trust in interorganizational relationships: Which matters more?. *Journal of Management*, *44*, 919–945.

[66] Mayer, R., Davis, J. & Schoorman, F. (1995). An integrative model of organizational trust. *Academy of management review, 20*, 709–734.

[67] Schlesier, C. (2010). *Deutsche Post verpatzt Start des E-Briefs. Wirtschaftswoche.* Link: https://www.wiwo.de/unternehmen/deutsche-post-post-verpatzt-start-des-e-briefs/5666228.html

[68] Kuch, A. (2019). *Deutsche Post stellt elektronischen E-Postbrief ein.* Link: https://www.teltarif.de/e-postbrief-klassische-zustellung-ei-das-umstellung/news/78660.html

[69] Siau, K., & Shen, Z. (2003). Building customer trust in mobile commerce. *Communications of the ACM, 46*, 91–94.

[70] Gigerenzer, G., & Brighton, H. (2009). Homo heuristicus: Why biased minds make better inferences. *Topics in cognitive science, 1*, 107–143.

[71] *Legends Profile: Michael Jordan.* NBA.com. Link: https://www.nba.com/history/legends/profiles/michael-jordan

[72] Gafni, Y. (2020). *Is Michael Jordan the King of low Variance? Towards data science.* Link: https://towardsdatascience.com/is-michael-jordan-the-king-of-low-variance-7f059e81955

[73] Connelly, B., Crook, T., Combs, J., Ketchen Jr, D. & Aguinis, H. (2018). Competence- and integrity-based trust in interorganizational relationships: Which matters more?. *Journal of Management, 44*, 919–945.

[74] Dunn, P. (2000). The importance of consistency in establishing cognitive-based trust: a laboratory experiment. *Teaching Business Ethics, 4*, 285–306.

[75] Bornstein, R. (1989). Exposure and affect: Overview and meta-analysis of research, 1968–1987. *Psychological Bulletin, 106*, 265–289.

[76] Zajonc, R. (1968). Attitudinal effects of mere exposure. *Journal of personality and social psychology, 9*, 1–27.

[77] Hawkins, S. & Hoch, S. (1992). Low-involvement learning: Memory without evaluation. *Journal of consumer research, 19*, 212–225.

[78] *Brand Experience + Trust Monitor 2021.* Sassarath Munzinger Plus. Link: https://sasserathmunzingerplus.com/die-ersten-ergebnisse-des-11-brand-experience-trust-monitor/

[79] Mischel, W., Ayduk, O., Berman, M., Casey, B., Gotlib, I., Jonides, J., ... & Shoda, Y. (2011). 'Willpower' over the life span: Decomposing self-regulation. *Social cognitive and affective neuroscience, 6*, 252–256.

Shoda, Y., Mischel, W., & Peake, P. (1990). Predicting adolescent cognitive and self-regulatory competencies from preschool delay of gratification: Identifying diagnostic conditions. *Developmental psychology, 26*, 978–986.

[80] Kidd, C., Palmeri, H. & Aslin, R. (2013). Rational snacking: Young children's decision-making on the marshmallow task is moderated by beliefs about environmental reliability. *Cognition, 126*, 109–114.

[81] Baxendale, S., Macdonald, E. & Wilson, H. (2015). The impact of different touchpoints on brand consideration. *Journal of Retailing, 91*, 235–253.

Ieva, M. & Ziliani, C. (2019). Selecting which touchpoints to manage for customer loyalty: An empirical analysis in retail banking. *Mercati & competitività-Open Access.*

[82] Pulido, A., Stoner, D. & Strevel, J. (2014). *The 3 C's of Customer Satisfaction: Consistency, Consistency, Consistency.* McKinsey. Link: https://www.mckinsey.com/industries/retail/our-insights/the-three-cs-of-customer-satisfaction-consistency-consistency-consistency

Spreer, P. & Eller, E. (2021). Die kundenzentrierte Organisation der Zukunft. In A. Hildebrandt & W. Neumüller (Hrsg.) *Bauchgefühl im Management.* Springer Nature.

Vierter Teil: Einschätzen

[83] Hartman, R., Doane, M. & Woo, C. (1991). Consumer rationality and the status quo. *The Quarterly Journal of Economics, 106*, 141–162.

[84] Schilke, O. & Huang, L. (2018). Worthy of swift trust? How brief interpersonal contact affects trust accuracy. *Journal of Applied Psychology, 103*, 1181–1197.

[85] Siau, K. & Shen, Z. (2003). Building customer trust in mobile commerce. *Communications of the ACM, 46*, 91–94.

[86] Rousseau, D., Sitkin, S., Burt, R. & Camerer, C. (1998). Not so different after all: A cross-discipline view of trust. *Academy of management review, 23*, 393–404.

[87] Eyal, N. (2014). *Hooked: How to build habit-forming products.* Penguin UK.

[88] *VW ID.3 im Oktober meistverkauftes Elektroauto in Europa.* Link: https://ecomento.de/2020/11/27/vw-id-3-meistverkauftes-elektro-auto-in-europa-oktober/

[89] Trunzig, S. (2020). *Apple AirPods (Pro) beherrschen den Markt der kabellosen Kopfhörer.* Link: https://winfuture.de/news,113510.html

[90] Oliveri, S. (2020). *Skeuomorphism: Design We Learned To Outgrow.* https://medium.com/design-warp/skeuomorphism-design-we-learned-to-outgrow-8a24895a80d0

[91] Hussain, N. & Franklin, J. (2020). *Airbnb valuation surges past $100 billion in biggest U.S. IPO of 2020.* Reuters. Link: https://www.reuters.com/article/airbnb-ipo-idUSKBN28K261

[92] Abrahao, B., Parigi, P., Gupta, A. & Cook, K. (2017). Reputation offsets trust judgments based on social biases among Airbnb users. *Proceedings of the National Academy of Sciences, 114*, 9848–9853.

Gebbia, J. (2016). *How Air BnB designs for trust* [Video]. TED Conferences. Link: https://www.ted.com/talks/joe_gebbia_how_airbnb_designs_for_trust

[93] Bruner, J. & Postman, L. (1948). An approach to social perception. In W. Dennis (Ed.), *Current trends in social psychology.* University Pittsburgh Press.

Festinger, L. (1954). A theory of social comparison processes. *Human relations, 7*, 117–140.

[94] Cialdini, R. (1993). *Influence: The psychology of persuasion.* William Morrow.

[95] Bruner, J. & Postman, L. (1948). An approach to social perception. In W. Dennis (Ed.), *Current trends in social psychology.* University Pittsburgh Press.

Festinger, L. (1954). A theory of social comparison processes. *Human relations, 7*, 117–140.

Fiedler, M. (2001). Vertrauen ist gut, Kontrolle ist teuer: Vertrauen als Schlüsselkategorie wirtschaftlichen Handelns. *Geschichte und Gesellschaft, 27*, 576–592.

[96] Harari, Y. (2017). Dataism is our new god. *New Perspectives Quarterly, 34*, 36–43.

[97] Edelman, R. (2006). *2006 Edelman trust barometer: Global report.* Link: https://www.edelman.com/sites/g/files/aatuss191/files/2018-10/2006-Edelman-Trust-Barometer-Global-Results.pdf

[98] Twyman, M., Harvey, N. & Harries, C. (2008). Trust in motives, trust in competence: Separate factors determining the effectiveness of risk communication. *Judgment and Decision Making, 3,* 111–120.

[99] Ramge, T. (2014). *Trau, schau, wem. Wenn das Misstrauen steigt, wird Vertrauen zur lukrativen Ware. Drei Geschäftsmodelle.* Brand eins. Link: https://www.brandeins.de/magazine/brand-eins-wirtschafts-magazin/2014/vertrauen/trau-schau-wem

[100] Resnick, P., Zeckhauser, R., Swanson, J. & Lockwood, K. (2006). The value of reputation on eBay: A controlled experiment. *Experimental economics, 9,* 79–101.

[101] Becker, L. (2021). *App-Store-Studie: 643 Milliarden Dollar Umsatz durch iPhone-Apps.* Link: https://www.heise.de/news/App-Store-Studie-643-Milliarden-Dollar-Umsatz-durch-iPhone-Apps-6060790.html

[102] McGee, P. (2020). *Apple: how app developers manipulate your mood to boost ranking.* Financial Times. Link: https://www.ft.com/content/217290b2-6ae5-47f5-b1ac-89c6ccebab41#comments-anchor

[103] McGee, P. (2020). *Apple: how app developers manipulate your mood to boost ranking.* Financial Times. Link: https://www.ft.com/content/217290b2-6ae5-47f5-b1ac-89c6ccebab41#comments-anchor

[104] Heider, F. (1958). *The Psychology of interpersonal Relations.* Wiley.

[105] Siau, K. & Shen, Z. (2003). Building customer trust in mobile commerce. *Communications of the ACM, 46,* 91–94.

[106] Mitchell, V., Walsh, G. & Yamin, M. (2005). Towards a conceptual model of consumer confusion. *ACR North American Advances.*

[107] Epstude, K. & Mussweiler, T. (2009). What you feel is how you compare: How comparisons influence the social induction of affect. *Emotion, 9,* 1–14.

Mussweiler, T. (2003). Comparison processes in social judgment: Mechanisms and consequences. *Psychological Review, 110,* 472–489.

Stewart, N., Brown, G. & Chater, N. (2005). Absolute identification by relative judgment. *Pyschological Review, 112,* 881–911.

[108] Ariely, D. & Jones, S. (2008). *Predictably irrational.* HarperCollins.

Fünfter Teil: Aktion

[109] Berg, J., Dickhaut, J. & McCabe, K. (1995). Trust, reciprocity, and social history. *Games and economic behavior, 10*, 122–142.

[110] Berg, J., Dickhaut, J. & McCabe, K. (1995). Trust, reciprocity, and social history. *Games and economic behavior, 10*, 122–142.

[111] Xu, G., Feng, Z., Wu, H., & Zhao, D. (2007). Swift trust in a virtual temporary system: A model based on the Dempster-Shafer theory of belief functions. *International Journal of Electronic Commerce, 12*, 93–126.

[112] Gambetta, D. (2000). Can we trust trust. *Trust: Making and breaking cooperative relations, 13*, 213–237.

[113] Schilke, O. & Huang, L. (2018). Worthy of swift trust? How brief interpersonal contact affects trust accuracy. *Journal of Applied Psychology, 103*, 1181–1197.

[114] Xu, G., Feng, Z., Wu, H., & Zhao, D. (2007). Swift trust in a virtual temporary system: A model based on the Dempster-Shafer theory of belief functions. *International Journal of Electronic Commerce, 12*, 93–126.

[115] Robert, L., Dennis, A., & Hung, Y. (2009). Individual Swift Trust and Knowledge-Based Trust in Face-to-Face and Virtual Team Members. *Journal of Management Information Systems, 26*, 241–279.

[116] Schoorman, F., Mayer, R. & Davis, J. (2007). An integrative model of organizational trust: Past, present, and future. *Academy of Management review, 32*, 344–354.

[117] Fiske, S. & Taylor, S. (1991). *Social cognition*. Mcgraw-Hill Book Company.

[118] Robert, L., Dennis, A. & Hung, Y. (2009). Individual Swift Trust and Knowledge-Based Trust in Face-to-Face and Virtual Team Members. *Journal of Management Information Systems, 26*, 241–279.

[119] Simons, T. (2002). Behavioral Integrity: The Perceived Alignment between Managers' Words and Deeds as a Research Focus. *Organization Science, 13*, 18–35.

[120] Horsager, D. (2012). *The trust edge: How top leaders gain faster results, deeper relationships, and a stronger bottom line.* Simon and Schuster.

[121] Kim, P., Ferrin, D., Cooper, C. & Dirks, K. (2004). Removing the shadow of suspicion: the effects of apology versus denial for repairing competence-versus integrity-based trust violations. *Journal of applied psychology, 89,* 104–118.

[122] Böckler-Raettig, A. (2017). *The Psychology of trust* [Video]. TED Conferences. Link: https://www.youtube.com/watch?v=wc3V-hvgUtB8

[123] Edmondson, A. (2018). *The fearless organization: Creating psychological safety in the workplace for learning, innovation, and growth.* John Wiley & Sons.

Newton, K., Stolle, D. & Zmerli, S. (2018). Social and political trust. *The Oxford handbook of social and political trust, 37,* 961–976.

[124] Reichheld, F. (2003). The one number you need to grow. *Harvard Business Review, 81 (12),* 46–55.

Index